U0954540

做人别太敏感
也别太不敏感

水微澜 编著

中国纺织出版社

内 容 提 要

过于敏感，人就会变得神经质，给生活带来无尽的苦恼；太不敏感，则人总是显得木讷迟钝，对于外界的人和事也无法及时做出反应。只有把握好敏感与不敏感之间最合适的分寸，我们才能发挥敏感的最佳作用。

本书以心理学知识为基础，以人际关系的经营为切入点，重点教会我们如何把握避免过于敏感和太不敏感，从而适度利用敏感，为我们的生活和工作创造便利。

图书在版编目（CIP）数据

做人别太敏感，也别太不敏感／水微澜编著.—北京：中国纺织出版社，2017.12 （2022.1 重印）
ISBN978-7-5180-4173-2

Ⅰ.①做… Ⅱ.①水… Ⅲ.①人生哲学-通俗读物 Ⅳ.①B821-49

中国版本图书馆CIP数据核字（2017）第252021号

责任编辑：闫 星　　特约编辑：李 杨　　责任印制：储志伟

中国纺织出版社出版发行
地址：北京市朝阳区百子湾东里A407号楼　邮政编码：100124
销售电话：010－67004422　传真：010－87155801
http：//www.c-textilep.com
E-mail：faxing@c-textilep.com
中国纺织出版社天猫旗舰店
官方微博http：//weibo.com/2119887771
佳兴达印刷（天津）有限公司印刷　各地新华书店经销
2017年12月第1版　2022年1月第3次印刷
开本：710×1000　1/16　印张：16.5
字数：194千字　定价：36.80元

凡购本书，如有缺页、倒页、脱页，由本社图书营销中心调换

前言

生活中，我们很害怕见到那种木讷的人，他们似乎感觉上也很迟钝，有的时候对于外界需要很长时间才能反应过来。还有些人则与他们恰恰相反，这类人是属于敏感型的，而且因为过分敏感，变得有些神经质。曾经有人说过，太敏感的人大多不幸福，因为他们总是因为神经质，想得太多，思虑太多。有的时候，别人只是一句无心的简单的话，他们也会在心里不停地酝酿发酵，生发开去，这就是过于敏感的痛苦。思来想去，虽然敏感对我们在人生之中更好地感知外界产生深远的影响，但是也给我们带来了更多的痛苦和纠结。要想让敏感发挥正向积极的作用，我们就必须把握好一个度。一切事情，只有适度，才能达到最佳的效果。

敏感不是一种病，过于敏感就变成了神经过敏。这种病让人胡思乱想，心生不宁，简直罪大恶极。例如，走在街道上遇到了一个熟人，寒暄的工夫，这个熟人因为沙眼便使劲地眨巴了几下眼睛，后来人家走了，你却站在那里琢磨半天：他刚才对我眨巴眼睛是什么意思呢？其实，如果不是因为过于敏感，你完全可以这么想：他要是有什么事情就会直接说的，眨巴眼睛大概是因为眼里飞进小虫子了吧。

神经敏感的人，精神总是处于高度紧张的状态。他们不但关注外界，也更关注自己的内心。可以说，很多事情都是他们臆想出来的，把简单的问题复杂化，就是他们最大的长项。他们的神经就像是高倍的放大镜，把无数的细菌沙砾都暴露出来，让人心里很忐忑。实际上，要是能够更加大条一些，也许反而能够中和敏感，让敏感发挥其最佳的作用呢！

当然，过于敏感是不好的，而过于不敏感同样会给我们的生活带来很多麻烦。诸如，面对一个不好直接表达的问题，对方用面部表情、肢体语言等意会你，还用意在言外的话点拨你，你却无知无觉，依然故我。假如在谈判桌上你无法意会团队成员的意思，则一定会耽误大事。这就是过于迟钝的极大弊端。

从现在开始，我们既不能太敏感，也不能太不敏感，只有把握好敏感与不敏感之间的度，我们才能发挥敏感性的最佳效力，使其为我们的生活和工作创造便利，实现功能最大化！

编著者

2017年2月

目录

上篇　别太敏感，草木皆兵吓到的只是自己

下篇　别太迟钝，别成为温水中无知无觉的青蛙

上篇

别太敏感，草木皆兵吓到的只是自己

第01章　太敏感的人，很难感受到幸福的存在

提起幸福，人们大多觉得只有敏感细腻的人，才能领悟真谛。实际上，幸福与敏感之间的关系并非我们想象得那么简单。很多时候，太敏感的人往往会因为一些小事就感慨万千，对别人无心的言行举止也总是耿耿于怀。因而，得到幸福的人通常都不那么敏感，而是更加简单纯粹。

过于敏感，其实是不够自信的表现

前文说过，内向的人总是过于敏感。其实，不自信的人也往往非常敏感。不自信的人，总是希望得到他人的认可，因而每当他人否定他或者对他的某些做法提出异议时，他马上就会变得敏感多疑，不知道如何自处。实际上，正如但丁所说，走自己的路，让别人说去吧。每个人即使再怎么努力，也不可能博得所有人的满意。因此，我们与其处处迎合他人，不如努力做好自己。只要问心无愧，就没有什么可懊悔的。

前几天刚刚结束的高考中，不知道又有多少考生因为不自信在高考中突然发挥失常。这就是典型的不自信的表现。因为这种不自信，他们在高考的紧张下发挥失常，远远低于平日里的学习水平。这样的结果，显然是任何人都不想看到的。其实，不仅仅是高考的考生，很多成人也很不自信。他们不管做什么事情都特别在乎别人的看法，在单位时也总是希望得到上司的认可和肯定，因而他们总是畏畏缩缩，不知道如何是好。正因如此，他们也变得非常敏感，尤其在乎他人的看法和评价。即使是他人一句无心的话，他们也会琢磨揣测很久。

静静的爸爸是个酒鬼，从静静有记忆开始，她的爸爸就经常喝得醉醺醺的，不是打妈妈，就是砸家里的东西。渐渐地，静静变得越来越内向，她也越来越自卑，因为她知道爸爸并不能成为她最坚实的依靠。为此，静静总是觉得自己似乎低人一等。

尤其是在小学期间，虽然静静品学兼优，但是始终觉得自己在同学们面前抬不起头来。每当看到其他同学的爸爸精神抖擞地去学校参加家长会，她的爸爸却整天醉醺醺迷迷糊糊的，静静都恨不得找个地缝钻进去。有一次，班级里评选三好学生，静静原本是完全符合条件的，只因为她把自己的那一票投给了其他同学，所以落选。老师问静静："静静，你完全符合三好生的要求啊。为什么不把宝贵的一票投给自己呢？"静静伤心地说："老师，我没有一个好爸爸，我常常不能和同学们友好地相处。"老师心疼地抚摸着静静的头："孩子，你太敏感了。其实，不管你有没有好爸爸，你都非常优秀啊！不要那么敏感，你要自信起来！"

对于孩子敏感细腻的心而言，任何的缺陷都会导致他们长久地消沉、自卑。尤其是童年时期的阴影，更会给孩子一生的成长都带来阴影。从现在开始，我们作为父母，应该更好地爱与呵护孩子，不要因为自私，给孩子留下心理阴影。作为孩子，也应该变得更加自信，不要那么敏感。

不自信的人，总是看到他人的优点，而又总是盯着自己的缺点。其实，寸有所长，尺有所短。唯有更好地面对自己，我们才能更加赏识和认可自己。在你看到他人的优点时，也应该看到自己的优点。面对一个特别擅长跑步的人，你应该想到你的铅球扔得很远。总而言之，我们从现在开始应该摆正心态，努力地恢复自信，这样才能摆脱敏感的束缚。

消灭“假想敌”的最好方式是不要敏感

敏感的人之所以远离快乐与幸福，变得草木皆兵、庸人自扰，很大程度上就是因为他们过分敏感，总是以敌视的心态对待他人。长此以往，他们总是处处为自己树立假想敌，觉得别人对他们“不怀好意”。无法否认的是，这个世界上的确有很多坏人，但是也确实有更多的好人。对于大多数人而言，他们还是非常愿意成为善良、真诚的人的。有人曾经说过，生活就像一面镜子，你对它微笑，它才会对你微笑。就是这个道理，我们与人相处也是如此。我们首先应该对他人好，才能更好地得到他人的对待。所谓付出真心，才能赢得真心。从这个角度来说，假如你总是把别人当成假想敌，别人又怎么会对你真诚友善呢？

所谓假想敌，顾名思义，就是根本不存在的敌人。这个敌人之所以出现在我们的心里，完全是主观导致的，也就是人们主观臆想出来的敌人。要想战胜这些敌人，我们最重要的不是要真正地与他们搏斗，否则，原本毫无恶意的他们也许会因为我们的主动出击而真的与我们为敌。要想获得内心的平静，最好的办法就是从现在开始，摆正心态，怀着宽容友善之心对待他人，不要过于敏感。很多职场人士都习惯性为自己树立假想敌。越是优秀，他们就越是容易主动为自己树立敌人，把那些更优秀的人树立为自己的目标。因为如此，他们甚至觉得心中始终不得安宁，恨不得消灭每一个比自己更优秀的人。同事之间在一起相处时，原本善意的玩笑或者是幽默，他们也会因此而对他人产生不良的想法，甚至觉得他人每一句都是在针对他们。如此一来，职场生涯还能愉快吗？同事之间还能友好相处吗？综合上述这些人的性格特征不难发现，他们都是非常敏感多疑的人。

作为公司的金牌销售，小娜具有强烈的危机感。小娜很清楚，成为一个季度的金牌销售，未必意味着每个季度都能成为金牌销售。在竞争激烈的销售行业，几乎每个人都想为了提成或者是为了远大的前程，努力想要成为金牌销售。自从成为金牌销售以来，小娜觉得自己的精神变得非常紧张，她既想蝉联下个季度的金牌销售，又担心其他同事把她当成超越的目标。的确，很多优秀的同事们都把小娜作为赶超的目标。为此，小娜觉得自己和同事之间的关系也突然间变得微妙起来。

有一天，一位同事吃完午饭休息时，在办公室和大家聊天。只听那位同事说："哎呀，加油啊，咱们也弄个金牌销售当当。你们看看小娜，公司不但奖励了她马尔代夫旅游，最关键是钱包鼓鼓，前途远大啊。"吃饭回来的小娜走进办公室，恰巧也听到了这句话。她突然间心生怒火，说道："哎哟，就凭你这样子，每天三班一倒，也想成为金牌销售。"小娜话音刚落，那位同事就生气地说："小娜，就算你是金牌销售也不用这样说话吧！大家都以你为标杆，是瞧得起你的，但是如果你总是这样咄咄逼人，不懂得尊重别人，你看看还有没有人把你放在眼里呢！"说完，这个同事生气地走了，其他同事也全都斜眼睥睨着小娜。

在这个实例中，小娜对于同事无心的一句话产生的过激反应，就是因为她在心里把同事想成了假想敌。其实，同事们虽然以小娜为赶超的目标，但并没有损伤小娜的任何利益。对于小娜而言，要想牢牢坐稳金牌销售的位置，最重要的是继续提升自己的销售能力和销售业绩，而不是与其他同事为敌。

在职场上，越是优秀的人越容易给自己树立假想敌，并且因此而导致同事之间关系恶化。其实，归根结底职场还是凭能力晋升的地方，一味地与他人攀比，并不能帮助我们在工作上取得更好的表现。唯有增强能力，拓宽视野，才是真正的成功之道。要想消灭假想敌，我们首先应该摆正心态，千万不要过于敏感。只有更多地关注自己，提升自己，而不是盯着他人的"轻举妄动"，我们才能轻松地玩转职场。

总是听到手机响，都怪你太敏感了

现代社会，人们越来越感到被手机绑架。尤其是职场人士，在不经意的时候总是会听到手机的响声，时不时地就会拿起手机来看一看。但是，手机正静悄悄地躺在口袋里呢，根本没有响。尤其是喜欢玩微信或者QQ的朋友们，更是每隔几分钟都会拿出手机检查一下，生怕错过了什么信息。可以说，现代人对于手机的依赖程度越来越高了，不管是走在路上，还是坐在地铁里，无数的"低头族"都正在专心致志地把玩手机。毋庸置疑，听到手机响的这种症状，就是近来日益频繁被提起的手机幻听现象。

为什么总是听到手机的响声呢，其实这都是过度敏感的表现。通常情况下，手机幻听的主要症状包括：总是听到手机来电的声音；虽然手机没有接收到任何信息，但你却清楚地听到信息、微信或者QQ的响声；不管你是否带着手机，都会听到手机的响声；一听到手机铃声响起，就马上心跳加速，浑身冒汗……这些症状，都是对手机太敏感的表现。只要具备其中1~2条，就说明你的确已经产生了手机依赖，导致严重的幻听现象。其实，心理学家也曾经对此展开研究，最终认为越是工作与手机紧密联系的人群，越容易产生手机幻听现象。此外，人缘好、经常与朋友之间电话联系的人，因为担心如果朋友没打电话过来，就意味着彼此之间的友情陷入危机，因而也会产生幻听现象。这其实是渴望接到朋友电话的心理作祟的结果。归根结底，这两种原因都属于心理原因。举个反面例子而言，有些人工作也需要频繁地用到手机，而且人缘很好，经常和朋友相约聚会，但是他们却没有严重的手机依赖，也很少产生手机幻听现象。综合分析我们不难得出结论，之所以产生手机幻听，还是因为心理敏感。

所谓敏感，心理学家认为，就是对某种特定的人或者事物的感觉尤其敏锐，并且因此而导致主观的心理变化。从某个角度来说，敏感并不可怕。因为敏感的人往往非常认真细心，相比粗心大意的人，他们更容易从事物中收集和获取更多的讯息。但是，过度敏感则会让我们受到禁锢和束缚。尤其是对于职场人士而言，不管工作多么紧张，都应该及时休息，并且适当放松。常言道，磨刀不误砍柴工，唯有正确对待工作，才能更好地生活。

近来，思彤总是听到手机响。她是做销售工作的，每天都要用手机联系很多客户，并且长时间地和客户通话。刚开始时，思彤还能正确对待工作与生活，把工作与生活分清楚。然而，随着工作业务越来越繁忙，现在的她即使下班以后，也必须接听客户电话，有时候还因为情况紧急，不得不放弃吃饭和休息的时间，给客户打电话。上个星期，她与一个重要的大客户见面详谈之后，就一直在等客户的电话。然而，客户接连几天都没打电话过来，思彤却渐渐开始出现幻听现象，而且越来越严重。比如，她偶尔会听到手机的来电声音，但是打开手机屏幕查看，却发现根本没人给她打电话。然而她不放心，必须翻来覆去地把手机检查好几遍，以确定的确没有漏接的电话。后来，她居然还听到了微信的声音，以为是哪位客户发来的，便赶紧拿起手机来看。结果，没有任何微信。思彤为此不管是吃饭还是睡觉，都必须与手机保持在一米之内的距离，以方便及时查看。渐渐地，她意识到自己肯定是出现了问题。

在咨询心理医生之后，思彤给那个客户打了个电话，确定了客户会在深思熟虑之后，等到本周五的下午三点，给她来电话。在心理医生的建议下，思彤还给近几天维持的几个客户主动打电话联系，这样她就可以安心地工作和生活，再也不用担心漏接重要客户的电话啦！果然，如此做完之后，思彤心安很多。有一天，她和同事一起出去吃午饭，在忘记带手机的情况下，居然也没有特别焦灼不安。由此可见，思彤的手机幻听情况大大好转。

在这个事例中，思彤的手机幻听症状是非常明显的，而且原因也很清晰。她之所以出现这种症状，就是因为近几天在等一个重要客户的电话，因为特别害怕漏接电话，所以她才总是疑神疑鬼的，导致自己无法安心。心理医生很清楚思彤的病因，所以对症下药，让她马上给那些重要客户去电联系，并且确定再次联系的时间，这样她就再也不用担心和客户措施联系啦！显而易见，效果非常好。

不管做什么事情，我们都应该把握好度。很多情况下，敏感不是坏事。但是一旦敏感过度，变得捕风捉影，就会导致自己陷入惊慌之中，也很容易导致我们主观地推测很多事情。我们必须时刻保持自我反省，提醒自己不要过于主观，更不要过分紧张。很多事情其实并没有那么重要，我们只需要按部就班地完成即可。

改变内向性格，远离敏感

如今，很多人已经意识到敏感给我们的生活带来的烦扰。因为过于敏感，我们总是一有风吹草动就草木皆兵，总是不知道如何更好地与他人相处。那么，我们究竟如何远离敏感呢？细心的人认真观察会发现，很多敏感的人都是性格内向的人。越是性格内向的人，也就越是敏感。曾经有位名人说过，内向的人喜欢避开人群，选择独处。因为很少与他人接触，也很少与他人交流，所以这些内向的人总是避开社交活动，独自舔舐伤口。我们都知道，在人际关系中，人际交往是一种宣泄压力的绝佳方式。很多时候，我们之所以误解他人，也正是因为没有与他人进行很好的沟通，导致我们独自对他人无心的言行举止猜测揣度。试想，如果是一个外向的人，他在听到他人说出一些意味深长的话时，能够及时问道：“你说这话是什么意思？”这样，如果对方真的是故意说出来刺激你的，那么你可以马上反驳。相反，如果对方的解释证实了他其实不是恶意的，那么你就能立即解开心中的疙瘩。如果把这件事情换到一个内向的人身上，只怕他会一个人猜测很久，最终导致误解朋友，与朋友不欢而散。

通常情况下，内向的人抗压能力都比较弱。很多时候，小小的打击就会让他们内心崩溃。古人云，言者无心，听者有意，就是对内向之人生活状态的最好诠释。如果你曾经很内向，你一定有过这样的感触，即觉得每个人都不喜欢你，都对你心怀叵测。实际上，别人真的会那么关注你吗？每个人关注的都是自己的内心而已。在职场生涯中，不排除有些同事对你说话时的确是意在言外。但是如果你急迫地对号入座，就一定会给自己带来更多的苦恼。尤其是面对上司，一个明智的上司如果想批评你，就一定会把对你的要求清晰准确地表达出来。相反，上司也是人，不是神。倘若你去汇报工作时上司恰巧在因为私人的事情而苦恼，导致无精打采，愁眉紧皱，心不在焉，那么你千万不要对号入座。要想远离敏感，我们首先应该打开心扉，不再禁锢自己的内心世界。否则，过于敏感会给我们的身心带来极大的伤害。

有一次，林黛玉卧病在床，独自在闺房内养病。突然之间，她听到屋外吵吵闹闹，一个尖锐的声音喊道："你这个贱皮子，你这个不成人的小蹄子！你也不想想你是个什么东西，居然也在这院子里混搅。"实际上，这个老太婆只是在骂年少不懂事的外孙女，嫌弃她太顽皮吵闹。但是林黛玉偏偏敏感多疑，而且非常内向。她对号入座，觉得这个老婆婆是在指桑骂槐，看似是在骂自己的外孙女，实际上是在欺负她这个寄人篱下的可怜人。为此，她伤心欲绝，哭得昏倒过去。自此，她的心病更重了。

林黛玉是非常典型的内向性格，也是极度的敏感多疑。因为寄人篱下，她总是时刻保持警醒，即使他人说了一句毫不相关的话，她也会将其捡过来对号入座。正因为如此，原本就体弱多病的她，才变得更加多愁善感，病病恹恹。和林黛玉相比，薛宝钗的性格则完全不同。薛宝钗非常活泼外向，也从来不乱发脾气，遇到事情非常达观，更不会随意地钻牛角尖。因此，在整个贾府之中，不管是下人，还是各层主子，大家都很喜欢他。要知道，大多数人都不喜欢和内向、敏感多疑的人打交道，因为不知道自己的哪句话就会让对方伤心落泪，甚至心生怨恨。

史太君虽然很心疼黛玉，但是却非常明智，不主张把黛玉和宝玉结合起来。这是因为她很清楚，心思过于细腻的人，身体往往也因为终日忧思变得非常娇弱。因此，史太君选择让薛宝钗嫁给宝玉，成为宝玉的媳妇。抛开爱情自由，史太君的选择是明智的。朋友们，如果你也饱受性格内向的苦楚，不如从现在开始就努力地打开心扉吧。当你坦坦荡荡地与他人交流，你会觉得一切并不像你想象中那么糟糕。

拒绝敏感，才能消除爱情的天敌

有人说，不敏感的人往往无法细致地品尝爱情的滋味。我们说，敏感的人更得不到爱情的青睐。真正美好的爱情，是细致入微的，也是装傻充愣的。经常有人自诩眼里揉不得沙子，殊不知，爱情之中真的有很多沙子。假如你太过敏感，就会被这些沙子伤得遍体鳞伤。只有忽视这些沙子，你才能尽情享受爱情的美好。首先，你的恋人一定不是完美的。这个世界上没有任何人是完美的，即使是你的爱人也不能例外。其次，你们的爱情一定不是完美的，总会有很多的瑕疵存在。假若你过分敏感，就会始终盯着爱情的瑕疵，而无暇享受爱情的喜乐。

拒绝敏感，你也就消除了爱情的天敌，这样才能尽情享受爱情的滋味。尤其是现代社会，人们变得越来越现实，爱情往往与车子、房子、收入绑在一起，让爱情逐渐失去了本真的味道。在这种情况下，我们更要珍惜得来不易的爱情。一旦找到真正属于自己的爱情，就千万不要因为敏感，错失爱情。

自从大学毕业后，艾米就留在上海，想要努力打拼，在上海立足。刚毕业的那几年，一则是忙于工作，二则觉得自己年纪还小，所以艾米始终没有把终身大事提上日程。眼看着已经28岁了，艾米这才开始考虑终身大事。因为是做行政工作的，艾米的工作涉及的人很少，只有本公司的员工。也因为性格内向，艾米很少有机会与其他男性接触。直到现在开始急着找对象，艾米才知道原来想找一个合适的人谈恋爱也是很难的。

一次，一位同事给艾米介绍了一个上海的男孩。据说这个男孩条件很好，艾米不禁有些犹豫：他是上海人，我是苏北农村的，他能看上我吗？考虑到双方门不当、户不对，艾米有些犹豫，不想去相亲。但是同事极力推荐，并且说艾米如果不去相亲，肯定会错过今生的幸福。在同事的极力坚持下，艾米只好如约前往。见到男孩，艾米果然怦然心动。这个男孩又高又帅，看起来白白净净、文文雅雅。在交谈一会儿之后，男孩问艾米："你的老家是哪里的？"艾米一下子想到自己偏僻的家乡，不由得嗫嚅道："在苏北农村。"男孩又问："以后，你需要把父母接过来吗？"听到这句话，艾米对男孩的好感突然间荡然无存，她暗暗想道：这才八字没有一撇呢，就担心我父母的养老问题要依赖我了！想到这里，艾米毫不客气地说："当然，我不久之后就要把父母接过来，让他们颐养天年。"男孩又问："那你买房了吗？他们来了住在哪里呢？"艾米有些生气，找了个借口与男孩告辞了。后来，艾米再也没有联系过男孩。其实，艾米不知道，男孩之所以如此关切地问这些问题，只是因为他家里有一套空闲的房子，而他很愿意把这套房子借给他一见钟情的艾米居住。不想，过于敏感的艾米在没有听完男孩的意图，就心生恼怒地结束了谈话。她不知不觉地错过了一位优秀的男孩。

艾米是非常敏感的，面对爱情，她更是极度敏感。其实，对于相亲结识的男女朋友而言，因为此前从不了解，所以对方问一些问题是很正常的。如果不迈开相互了解的第一步，又如何能够做到真正地知心呢？遗憾的是，艾米的过分敏感让他们拥有良好开端的相识戛然而止。

对于爱情的过分敏感，还表现在很多方面。例如在相处的过程中，你因为在情人节没有收到对方的礼物，或者对方在下雨的日子里没有撑着伞去你的单位门口接你，你都勃然大怒。实际上，真正的爱情并不体现在这些形式主义的事情上，我们应该把敏感用于体会对方的爱，而不是挑剔对方的缺点和不足。金无足赤，人无完人，我们每个人都要以宽容和理解真心对待爱人，爱情之花才能常开不衰。

狂放一些，才不会为完美所累

这个世界上并没有绝对的完美，我们却总是苦苦地追求完美。其实，大多数完美主义者都不那么快乐，反而经常遭遇苦恼。这是为什么呢？因为根本没有所谓的完美供我们追求。既然如此，我们何不接受现实，让自己成为一个狂放一些的人呢？当然，这里所说的狂放并非是不顾一切，而只是接受完美存在的瑕疵。生活中的很多人、很多事，都不可能尽如我们的意愿。既然客观世界无法改变，那么我们远离烦恼的方式，就是改变自己的心。

曾经有科学研究显示，郁郁寡欢的人比心情愉悦的人更容易患心脏病。其实，情绪不仅仅影响我们心脏的健康，也会影响我们的生活和工作。完美主义，从心理学的角度来说，其实是一种心理疾病。那么，这种疾病的发病原因是什么呢？敏感。完美主义者往往对瑕疵和缺陷特别敏感。他们看起来非常积极地寻求完美，实际上是在消极地对待瑕疵。完美主义者往往眼高于顶，不愿意降低标准和要求，接受现实。正因如此，他们陷入消极和苦闷之中，无法成功地自我排解。当一个完美主义者不管看到什么事情或者面对什么人，都不停地吹毛求疵，而且为此苦恼不已时，他已经成为了病人。从现在开始，假如你自认为是一个完美主义者，那么不妨让自己变得狂放一些吧。生活原本没有那么细致，也不可能做到绝对的细致。唯有坦然接受不完美，你才能更加快乐。

今年读初二的小米有个特点，就是她所有的作业本，除了需要上交老师的，在写到最后一页时，往往只剩下封面、封底和唯一的一页。这是为什么呢？原来，小米是个完美主义者。每张作业纸，一旦出现任何一笔的错误，她就会耿耿于怀，直到把这页作业撕下来心里才舒服。然而，人毕竟是人，难免会有分心和犯错的时候。在这种情况下，小米就开始不停地撕作业纸，直到把一本全部撕完为止。这让小米很苦恼。其实，她也不想撕掉作业纸，因为这样很容易导致一个作业本在还没用完的情况下，就变得破破烂烂。所以，每次在撕掉作业纸之前，小米都非常犹豫纠结：不撕，难受，撕了，更难受。就这样，小米越来越苦恼。

作为曾经的学生，相信我们每个人都曾有过这样的完美主义情结。只不过，小米的完美主义情结显然太严重了。一页一页地撕掉作业纸，痛苦和纠结导致小米更加无法全心全意地写出毫无瑕疵的作业。其实，学习的过程本身就是一个不断犯错的过程，唯有采取正确的态度对待错误，我们才能更好地摆正心态面对学习。

人生也是如此。每个人的人生都没有机会重来，如果错了，只能在下一个机会里改正，而不能做到擦去重写，也无法像小米一样撕掉那一页作业本。由此看来，当把这种绝对的完美主义情结带到生活的方方面面，这一切都将使生活陷入无尽的困窘之中。要想生活得快乐，我们就必须放宽心胸，坦然接受生活的馈赠，不管是坎坷挫折、遗憾缺失，还是尽善尽美、尽如人意。

第02章　你这样敏感，其实是在自己难为自己

很多时候，我们因为敏感导致自己心情不悦，甚至因此而迁怒别人，毁坏辛苦建立的人际关系。其实，敏感就是自己难为自己。人，最大的敌人就是自己。“很多时候，我们要想获得成功，就要自己战胜自己”，这句话是很有道理的。如果一个人始终因为敏感而不痛快，那么就是一直都在为难自己。如果我们能够轻松一些，豁达大度一些，我们就能放开自己，也会拥有畅快豁达的人生。

为了面子敏感，你只会自寻烦恼

尽管世界上各个国家的人都很爱面子，但是中国人是最爱面子的。何谓面子呢？其实就是我们的自尊心在得到尊重之后的满足感。生活中，很多人把面子看得至关重要。尤其是在人情社会里，人与人之间的相处也常常仰仗面子。我们经常会听到有人说“给我个面子吧！”“这么做面子上不好看，还是再想一想吧！”“既然你不给我面子，也就别怪我驳你的面子！”诸如此类的话，充斥着我们的生活，似乎我们每天都不得不和面子打交道。很多人以每个人都给自己面子为荣，似乎面子就是贴在脸上的金纸，能让他们瞬间改头换面。他们不仅热衷于向他人索要面子，也常常给其他人面子。就在面子的来来往往中，人们之前的交情看似越来越深。然而，面子真的有那么重要吗？其实，爱面子的人都是虚荣心比较强的人。

实际上，面子并没有那么重要。如果是水到渠成地给予他人面子，或者从他人那里挣得面子，当然无可指责。但是如果被面子绑架，不管做什么事情都

一味地为了面子，那么就会因小失大。归根结底，面子并不能帮助我们迅速成长，走向成功。过分爱面子的人，总是因为没有如愿以偿地从他人那里得到面子而郁郁寡欢，很多时候，他们还会为了得到面子付出昂贵的代价。这一切，都是自寻烦恼而已。

在单位里，张鹏是出了名的老好人。他不但对他人有求必应，还经常主动帮助同事们。这不，眼看着春节将至，办公室里的马大姐要回东北老家，却总是买不到车票。为此，张鹏大包大揽："马大姐，放心吧，我能帮你买到票。"这个消息对于马大姐来说简直是雪中送炭，马大姐对着张鹏千恩万谢，张鹏却不以为然地说："没事的，马大姐，我车站认识人。"的确，张鹏的妹夫在火车站上班。然而，今年的春运车票管理特别严格，任何人都不得搅乱售票市场。当听到妹夫说爱莫能助之后，张鹏根本不好意思再告诉马大姐这个事实，一则会让马大姐着急上火，最重要的是会让他在同事们面前没面子。因此，张鹏从周五晚上开始，利用周六日两天时间排队，才帮马大姐买到了回老家的车票。当周一把票给马大姐时，马大姐对着张鹏千恩万谢，张鹏瞬间觉得自己倍儿有面子。

后来，单位里又有同事回老家托张鹏买票，还是和张鹏关系比较好的同事。张鹏一想到自己在同事心里已经帮马大姐买到了票，因而不好意思不给同事面子，只好请假连夜排队帮同事买票。看到张鹏的样子，妻子非常不理解地说："你这又是何苦呢！如果家在外地的同事都托你买票，我看你得请一个月的假，年终奖也得打水漂了。"张鹏苦不堪言，却不敢在妻子面前抱怨。

在这个实例中，张鹏就是典型地打肿脸充胖子。在妹夫告知他爱莫能助时，他就应该老老实实地把车站严禁内部工作人员帮人代购车票的真相如实告知，这样也就不会有后面的麻烦了。但是他却爱面子，不但爱惜自己的面子，也想给他人面子，最终导致接二连三地彻夜排队，难道妻子会对他心生怨言呢。

任何时候，我们帮助他人时，都应该量力而为。尤其不要为了爱面子，让自己陷入被动和尴尬的局面。面子虽然重要，但是并非是生活和工作的全部，更不能为了面子而勉力而为。很多时候，过于爱面子的人往往是敏感心理在作怪。如果你不在乎他人的误解，只求问心无愧，那么还有必要为了面子打肿脸充胖子吗？

敏感的人，总是过于在乎别人的评价

你是否曾经不管做什么事情，都希望得到他人的认可，哪怕是十个人里只有一个人对你所做的事情颇有微词，你也马上会觉得坐如针毡，不知道如何面对这一切？你是否哪怕只是穿了一件新衣服，先不管自己是否觉得舒适合体，也会马上咨询身边的人，你这件衣服好不好看，合不合身？或者你穿了一双新鞋子，你更在乎的是别人是否欣赏，而不是自己的脚是否舒适？这一切，都说明敏感的你太在乎别人的看法了，甚至远远超过在意自己的感受。这样的你，活得一定不够自在。

曾经有位画家，总想画出惊世骇俗的画。在潜心钻研画技十几年之后，他终于画出了一幅让自己绝对满意的作品。他每天欣赏着自己的作品，越看越喜欢。他想：我这幅画，一定没有任何人能够挑出任何毛病。因此，他沾沾自喜地把画拿到集市上挂起来，并且在旁边放了一张大大的白纸和一支笔，让人们如果看到这幅画那里不好，就写在纸上。下午的时候，画家去集市上看自己的画，居然惊讶地发现那张特别大的白纸已经被写得密密麻麻的了。有人说这幅画的构图不够完美，有人说色彩不够鲜艳，有人说画上的花朵不够逼真……总而言之，各种各样的缺点和不足。画家沮丧极了，拿着画灰溜溜地回到家中，呆呆地坐着。

妻子看到画家茶饭不思，问："你怎么了？"画家把事情原原本本地说了一遍，妻子笑着说："就这么点儿小事啊！看你茶饭不思的样子，我还以为出什么大不了的事情了呢！我告诉你，等到下次集市时，你再去把画摆上，同样摆一张大大的白纸和一支笔。但是，你要注明：请大家把画的优点写出来。"又一次集市，画家按照妻子的话做了。等到傍晚时分他去集市上取画时，欣喜地发现满满一页白纸上写满了这幅画的优点。让他惊讶的是，这些优点和缺点大同小异，也都还是那些方面。画家疑惑不解，妻子笑着说："即使你的画再完美，也会有人找出它的缺点；即使你的画再不好，也依然会有人欣赏它。由此可见，你不可能让所有人满意。所以，你只要坚持自己的风格，等着喜欢你的人来欣赏你的画就好了。"

在这个实例中，画家两次去集市上摆画，得到的结果迥然不同。妻子说的话很对，一个人不可能让所有人满意，既然如此，我们只需要专心致志地做好自己就行。这样的现象其实在我们的生活和工作中也是很常见的。唯有正确面对他人的嘴巴和眼睛，我们才不至于迷失自我。反过来，倘若别人一说点儿什么，你就马上改正，那么最终的结果就是你依然无法让别人满意，而且还失去了自己的本色。如此一来，岂不是更加损失惨重吗！

曾经有个老头带着儿子，一起牵着驴去赶集。当听到路人说他们有驴不骑很傻时，老头骑到驴背上，让儿子跟着走。当听到路人说老头骑驴，却让孩子跟着走太残忍时，老头下来，让儿子骑驴。又有路人说儿子骑驴不孝顺，他们爷俩思来想去不知如何是好，只好一起骑到驴背上。后来，还是有路人说他们两个人骑一头驴，简直是虐待驴子。无奈之下，爷俩只好抬着驴子走，最终在人们的笑声中惊慌失措，和驴子一起跌进河里。这就是过于在乎他人评价的结果。倘若他们能够坚持自己的主见，做让自己问心无愧的事情，也就不会因此而狼狈不堪了。生活也是如此，我们不管做什么，总会有人对我们说三道四，指手画脚。倘若不能做到坦然面对，这一切也许就会导致我们手足无措，更加狼狈。因此，我们应该放开敏感的心，让自己更加从容地生活。

敏感的人总是否定自己，黯然神伤

一个人如果总是否定自己，除了因为他比较自卑之外，也因为他的敏感。很多生活的细节都经不起深究，只有忽视这些细节，我们才能更加快乐地生活。然而，偏偏有些人总是揪着这些细节不肯放手，甚至在对方无知无觉的情况下，一个人舔舐伤口。这就是敏感的负担。

从小学以来，琳琳一直都是老师眼中不折不扣的好学生，也是父母眼中地地道道的乖乖女。她几乎从未在学习方面让父母为她操过心，因为她在学校品学兼优，年年都是三好学生。不过，琳琳虽然集这么多宠爱于一身，却时常不快乐。

这几天，琳琳始终郁郁寡欢，上课的时候也总是走神。老师发现了她的异常，以为她有什么心事，因而找到她谈话，问："李琳，你最近怎么注意力不集中呢？"琳琳的眼泪突然掉下来，她委屈地哭了起来。老师丈二和尚摸不着头脑，几次追问，琳琳才哽咽着说："老师，你是不是不喜欢我了？"老师笑着说："你是老师的宝贝学生，老师怎么可能不喜欢你呢？""但是，你上次找了三个女生帮你改试卷，并没有叫我。以前，你总是让我帮你改试卷。一定是我哪里表现不好，所以你才不让我帮你的。"琳琳委屈万分地说。老师这才知道琳琳的心事，因而赶紧解释："琳琳，虽然你是老师的宝贝学生，但是有很多同学都想得到机会帮老师改试卷。在意识到这个问题之后，老师决定不再找固定的人帮我改试卷，而是同学们轮流来做这项工作。这和你没有任何关系啊，你的表现一直很好，老师对你给予了很大的希望呢！"听到老师的话，琳琳这才破涕为笑。老师语重心长地说："李琳，人生的路还有很长很长，一个人永远不可能在整个人生中都事事如意。你仅仅因为改试卷这件小事就耿耿于怀，甚至上课时都心不在焉，这是不对的，老师要批评你。老师希望，你不管什么时候都不要那么敏感，更不要轻易否定自己。即使所有人都不认可你，你也要坚定不移地相信自己，知道吗？"琳琳点了点头。

在这个实例中，琳琳虽然非常优秀，但是却不够自信，而且十分敏感。仅仅因为老师没有像往常一样选中她帮忙改试卷，她就非常伤心。由此不难看出，琳琳的心理敏感而又脆弱。倘若这样的心理状态持续到成人，那么她一定会非常苦恼。幸好，老师及时告诉她，让她调整和改变自己。

人生不如意十之八九，我们只有学会接受这些不如意，并且坦然面对这些不如意，不因为这些不如意而否定自己，才能更加从容地享受和拥抱人生。从现在开始，就让我们放下这颗因为敏感而忐忑不安的心，从否定自己的阴影中走出来吧！只有充满自信、坚定不移地相信自我，我们才能拥有阳光明媚的人生。否则，当我们总是把"我不行""我做不到""我能力不足"等话挂在嘴上，我们的天空一定会布满阴霾，变得越来越悲观绝望。当然，自我反省还是有必要的。对于反省，大文豪高尔基曾经说："反省就像是一面明亮清澈的镜子，能够帮助人们看清楚自己心灵上的污垢。"但是，凡事都有度。适度的反省的确有益于我们进步，一旦反省过度，把所有问题都归咎于自身，反省就会起到截然相反的效果。

一个人不可能让所有人都满意

一个人再怎么努力，都无法让所有人感到满意，这是亘古不变的真理。

既然如此，那些总是渴望得到所有人的认可与赏识的人，是不是应该就此反思自己，告诫自己不要再奢望得到所有人的赞赏呢？生活中的确有这么一群人，他们不管做什么事情、穿什么衣服鞋子，甚至养儿育女，都必须得到他人的赞许。毫无疑问，他们是一群活在他人眼睛里和嘴里的人。其实，人生苦短，每个人都应该随性一些。归根结底，我们都是这个世界上独一无二的自己，但是却要面对无数个别人，想以一己之力让所有人满意，可能吗？

在人生的过程中，我们不但要面对无数个别人，自己本身也要承担各种各样的角色。当我们还是襁褓中的婴儿，可以安然享受父母的精心照顾，我们只要吃好喝好就行了。但当我们渐渐长大，我们成为学生、恋人、同事、父亲母亲、孝顺的儿子女儿等，我们的角色越来越多，肩负的责任也越来越多。面对这么多的别人，面对这些要求完全不同的角色，要想做好并且让每个人满意，实在是太难了。因此，我们必须更好地面对自己，坚持做自己。

近来，小敏正在和丈夫冷战。她每天都不搭理丈夫，甚至对丈夫视若无睹。然而，丈夫却浑然不觉，尽管小敏自己气得鼓鼓的，但是丈夫却依然和小敏有说有笑。直到那天小敏因为委屈，突然大哭起来，还提出了离婚，丈夫才恍然意识到：小敏的情绪有些不对劲。

丈夫赶紧问小敏怎么了，小敏歇斯底里地大喊大叫："既然你已经不爱我了，咱们还有必要在一起生活吗？"丈夫不明就里："我怎么不爱你了？""你每天下班回家，吃完饭就就玩游戏，根本不管我的死活。你从未陪着我出去散步，甚至连看都不看我一眼。"小敏委屈万分。丈夫这才意识到问题所在，笑着说："就这么点小事情啊！你想让我陪你散步，就告诉我啊。为什么非要生气呢？我又不是你肚子里的蛔虫，你不说，我怎么可能知道你的想法呢？"小敏更生气了，说："你不但不认错，还无力狡辩。从现在开始，我不需要你的陪伴，你愿意玩游戏就整夜地玩吧，我再也不需要你了。"说着，小敏气呼呼地离开家。她百无聊赖地走在街上，约了好朋友一起喝茶。在和好朋友倾诉之后，好朋友笑着建议小敏："我建议你看一本书，书名好像叫作《男人来自金星，女人来自火星》吧。"小敏疑惑地问："金星？火星？"好朋友笑着说："是啊，意思就是说，男人和女人根本不是同一个世界的人。所以，你老公说的是对的，如果你对他有什么需求，你就应该直接告诉他，否则等着他主动去发现并且满足你的需求，你一定会等到花儿都谢了。"小敏有些领悟了好朋友的意思，说："我的确应该看看。可能，我也无法满足他所有的需求吧，他不能满足我也是正常的。"这就可以看出，夫妻之间及时和深入的沟通有多么重要。"

原本郁郁寡欢的小敏，在好朋友的鼓励下，最终才意识到原来一个人无论如何努力，也无法让所有人满足。即使是夫妻之间，既然彼此都不是对方肚子里的蛔虫，为什么非得苛求对方呢？这样想来，小敏心中豁然开朗，高兴地回家与老公沟通了。她想：只要沟通到位，夫妻之间就没有什么迈不过去的坎。

面对他人的不满意，坦然地做自己，这是一种对生活极强的掌控力。与上述实例中小敏要告诉老公自己的需求不同，对于生活中很多无关紧要的人，我们根本无需博得对方的认可，也就无需在乎对方挑剔苛求的态度。由于每个人都从主观出发考虑和解决问题，所以我们即使非常优秀和努力，也依然会有人感到不满意。既然如此，我们何不坦然淡定地做最好的自己呢？

奔向远方的希望，命运只在今天的你手中

曾经有个寓言故事告诉我们，人生只有三天，昨天、今天和明天。因为昨天已经过去，明天还未到来，所以人生其实只在于今天。一个人要想把握命

运，唯有掌握好今天，才能展翅高飞。生活中，很多人一旦遇到挫折就会自暴自弃，殊不知，你放弃的不是眼前，而是整个人生。

在现代社会，随着工作节奏的加快，越来越多的人整日疲于奔波，根本没有时间静下心来想一想自己想要的是什么，自己梦想中的生活应该以怎样的面貌出现。他们工作的时候惦记着下班，恋爱的时候就开始为分手担忧，吃饭的时候又在琢磨工作……如此一来，几乎没有任何时候身心合一地存在着。如此形神分离，必然导致他们不管做什么事情都无法做到最好，人生也就显得更加局促。其实，人生完全不用这么仓促。当我们不再那么敏感，也不会想要事事都顾全，我们就可以静下心来认真地享受人生，享受这一切美好而又曼妙的事情。人们之所以总是那么敏感，总是想把每件事情都做到最好，就是因为缺乏安全感。最典型的是孩子，如果把一个从小生活在没有安全感的环境中的孩子，与一个从小就有强烈安全感的孩子比较，你会发现他们对于自己即将面对的事情，有着截然不同的态度。成人也是如此，这种童年时期的不安全感会伴随人们的一生。其实，人世间除了生死之外，其他的都是小事。如果你能清楚地意识到在活着的每一天里，只有今天才是最重要的，你就会释然很多。

曾经有个园艺工人，在秋天到来时，每天都要负责给偌大的花园清扫落叶。每天清晨天刚刚蒙蒙亮，工人就开始拿起笤帚扫落叶。几乎整个秋天，总是不停地有树叶落下来，他也每天都必须清扫。如此一段时间之后，工人每天早晨花费几个小时扫完地之后，都很发愁第二天的工作。为此，他一整天都郁郁寡欢。

有一天，厨师看到工人闷闷不乐地坐在大树底下，问他怎么了。工人就把自己的苦恼说了一遍，厨师居然笑着说："哎呀，你这个问题还不好解决么。你只要在扫地之前把落叶全部摇落，第二天就不会有落叶喽。你看看你的工作多好，整天待在花园里，还可以看看天，呼吸新鲜的空气，哪像我啊，天天对着灶台和铁锅，满面油烟。”工人觉得厨师的建议很好，也因为和厨师工作的比较变得快乐一些。第二天，他果然摇落很多树叶。但是等到第三天，他居然再次看到满地落叶，不由得更沮丧了。这时，园艺师傅走过来，对他说：“你呀，为什么不会快乐地生活呢！即使每天你不扫落叶，也还是要有其他的工作要做。既然都是工作，做什么不都一样要耗费时间、花费精力么！我觉得你应该感到快乐才对，毕竟清扫落叶还是很轻松的。像你这样每天都很发愁，一个秋天过去，头发都要愁白了呢！”在园艺师傅的开导下，工人茅塞顿开，再也不因为每天的工作而苦恼了。现在的他，快乐地清扫落叶，然后坐在花园里看看花，望望天，每天都很快乐！

人生，不要为了明天感到苦恼。在一切都是未知的情况下，为明天苦恼显然是枉然的。同样的道理，人生也不要为了昨天叹息，归根结底，昨天不管是好是坏，一切都已经过去了。只有活在今天，把握好今天，我们才不会因为懊悔埋怨而与今天失之交臂。从现在开始，我们必须非常努力地活好每一个今天，人生才会因为无数个无怨无悔的今天变得更加精彩。

对于敏感的人而言，他们总是为昨天惋惜，为明天担忧，并且因此而错失了今天的大好时光。命运总是有着先后的次序，即使你再怎么为昨天懊恼，也无法让时光倒转。即使你再怎么为明天担忧，该来的一切依然会来。与其怀着不安地心度过生命的每一天，不如怀着坦然的心珍惜生命的每一天。把握当下，活在当下，才是真正明智的人生态度。

遇事不钻死胡同，才能心宽体胖

在影视节目上，我们经常看到这样的镜头：很多打手正在追一个人，被追的人跑着跑着就钻进了死胡同，眼看追兵在后，他却无路可去，情急之下或者束手待毙，或者仓皇爬墙。每当此时，我们总是心急如焚，恨不得跳到电视机里帮助当事人出谋划策。然而，当我们为影视剧中的角色人物着急时，却没有想到，我们自己也经常在生活中钻入死胡同。

生活总是不尽如人意，我们必须非常努力，才能在对待生活的不如意时水来土掩，兵来将挡。唯有如此，才能遇事逢凶化吉，最终消除危机。尤其是当遇到为难的事情时，我们更应该找准时机，及时调整和改变思路。其实，在动物界里也有喜欢钻死胡同的生物。例如，在海里生活的章鱼。章鱼因为没有骨头，是典型的软体动物，所以一旦看到器皿，就马上钻进去。针对章鱼的习性，渔民们故意用绳子拴住空瓶子，将其扔到海底捉章鱼。最终，章鱼果然钻进瓶子里，再也出不去了。可怜的章鱼因为喜欢钻死胡同失去了生命，如果人们也总是钻死胡同，那么做人做事就会走入绝境，无法回旋。既然如此，我们最重要的就是打开思路。常言道，条条大路通罗马。唯有思路开阔，不管遇到什么事情都随机应变，才能适应这个瞬息万变的世界。

爸爸小时候就梦想着自己能够成为一名钢琴家，用纤细修长的手指在钢琴的琴键上行云流水，演奏出最美的音乐。然而，因为家庭贫困，爸爸的这个梦想始终没有实现。后来，李刚渐渐长大，爸爸情不自禁地把自己来完成的梦想转嫁给他，没有征求他的意见，就擅自为他买了一架钢琴，还帮他报名参加了钢琴培训班。其实，李刚根本不喜欢弹钢琴。

每次参加钢琴培训课，对于李刚而言都是一种折磨。但是在爸爸的强制要求下，他只得按部就班地服从爸爸的安排。没过多久，李刚就郁郁寡欢，不管做什么事情都提不起兴致来。有一次，李刚在枯燥地练琴之后，趴在窗台上看小区隔离的学校里，孩子们正在操场上打篮球。爸爸看到李刚充满渴望的眼神，仿佛突然间意识到什么，问："刚刚，你喜欢打篮球，是吗？"李刚默默地点点头。爸爸若有所思，说："如果你不想学琴，就不学了吧。你就去打篮球，只要你喜欢就好。”听到爸爸的话，李刚简直觉得难以置信。他怔怔地看着爸爸，爸爸斩钉截铁地说：“我这就去把你的钢琴培训班推掉，至于家里的钢琴，以后就作为消遣用吧，等你想弹的时候再弹。”

走到篮球场上的李刚，突然间变得快乐起来。他每天都抓住学习的空闲时间努力练习篮球，进步堪称神速，很快就成为学校篮球队的主力队员。

在这个实例中，李刚爸爸是一个非常开明的爸爸。他虽然不知不觉中把自己的梦想转嫁到儿子身上，但是当看到儿子因为整日因练习钢琴而郁郁寡欢时，决定尊重儿子的兴趣爱好，让儿子做自己喜欢的事情。这就是一个不钻牛角尖的爸爸，才能为儿子找回失去的快乐。现代的家庭教育中，很多父母总是喜欢逼着孩子做他们不喜欢的事情，最终导致孩子失去快乐，而且因为缺乏兴趣，最终一事无成。其实，每个孩子的成长都是不同的，他们各自有自己的长处和兴趣。唯有保持淡定，才能从容不迫地应对人生。

不管遇到什么事情，我们都不能钻死胡同。要知道，钻进死胡同只会使我们心情更加敏感压抑，从而导致事情发展越来越糟糕。相反，当我们退一步，就会发现事情实际上并非只有一种解决的办法，我们总是面临着很多选择。尤其是对于敏感的人而言，对于已经发生的糟糕情况，千万不要一味地悲观绝望，而应该积极地寻求解决的办法。从现在开始，擦干眼泪笑对人生吧，一切都没什么大不了的。

精英也是人，不是神，偶尔犯错又何妨

在生活中和职场上，很多人都以精英自居。他们处处对自己高标准，严要求，甚至容不得一点点的不完美。实际上，这个世界上哪里有绝对完美的人或

事呢？所谓的完美，只是相对而言的。人不是神，不可能永远不犯错误。下至普通老百姓，上至世界各国权威的领导人，每个人都会或多或少地犯错误。既然如此，精英当然也会犯错误。

在生活中，每个人都应该允许自己犯些错误。归根结底，人们正是踩着错误的阶梯，才能不停地进步。如果人们怀着完美主义情结，一味地苛求自己完美，那么人们早晚会尝到一味完美的苦果。那就是即便你只是犯一个小小的错误，也会导致人们对你“刮目相看”。因为人们已经习惯了那个完美无瑕的你，根本不能接受你犯错误的事实。其实，作为寻常人，沾些人间的烟火气息是不错的选择。人非圣贤，孰能无过？正如古人所说，每个人都会有过错。而在日常相处的过程中，人们也往往喜欢与有缺点的人交往。要知道，人的本性就是攀比和爱慕虚荣。如果我们总是与完美得无可挑剔的人交往，那么自身难免会承受着巨大的压力，根本无法坦然面对自己。如此一来，你还想成为那个完美无瑕、清高孤冷的人吗？我们应该平凡地活着，千万不要把自己看成是无所不能的。有的时候，我们不但要学会犯错，还要学会偶尔示弱。对于一个有优点也有缺点，能力超强却依然会犯错误的你，人们才会怀着更加宽和包容的心。

作为老总的首席助理，敏儿已经习惯了对自己苛刻要求。每当想到自己是在为世界五百强企业的老总当助理，她的自豪感就油然而生。当然，从大学毕业最初进入公司开始，敏儿并非是一帆风顺的。她之所以能够坐到今天这个地位，也付出了无数的艰辛和努力。如今，一人之下万人之上的敏儿，不允许自己犯任何错误。

所谓屋漏偏逢连夜雨。正当刚刚上任不久的敏儿卯足了劲要做出一番事业时，她偏偏就犯了一个致命的错误。在为老总准备演讲稿的过程中，因为粗心，她把一个至关重要的数据的小数点写错了位置。由此，年营业额13.56亿，变成了135.6亿。幸好，老总在当中演讲的时候读完这个数字，马上就觉得不对劲，因而略一沉思，在大家轰然大笑中自我调侃："当然，我也知道我说的这个数据有些夸张。不过，这恰恰带着我对企业未来美好的期望。我希望，在未来的三到五年里，咱们的营业额真正从13.56亿扩大到十倍之多，成为135.6亿。毋庸置疑，这一伟大目标的实现，离不开在座每一位的努力。从现在开始，就让我们齐心协力，向着这个伟大的目标前进吧！"老总的机智让在场的人都佩服不已，他们根本没有想到这是助理的一个失误。当时，也在场下的敏儿心知肚明，是她的粗心大意，让老总陷入被动的僵局。即便老总凭借机智幽默化解了尴尬，但是这并不能掩饰她的错误。会议结束后，敏儿忐忑不安，生怕老总责备她，甚至因此而降她的职。眼看着一天、两天、三天过去了，老总没有做出任何行动。敏儿呢，始终对自己的错误耿耿于怀，天天都提心吊胆。到了周五，她终于按捺不住，主动去找老总负荆请罪，否则她连周末也过不好了。她敲开老总办公室的门，开门见山地说："张总，实在对不起。那天的演讲稿是我的失误，随便您怎么处罚我都行。"张总笑了，说："我还得感谢你呢，给我提出了一个长远的目标。不过，以后可要和我商量一下再定中长期目标啊！"敏儿还想继续道歉，张总打断她的话，说："没关系的，我知道你不是故意的，也相信你在以后的工作中绝对不会再犯同样的错误。"

老总都能原谅敏儿的错误，敏儿却始终对此耿耿于怀。作为老总的助理，她已经下定决心排除万难，一定要做出点儿样来。不过，显然敏儿过于紧张地对待这份工作，反而导致自己上任不久就出现了错误。其实，工作上出现错误是很正常的，尽管粗心是不应该的，但是老总也以体谅之心宽容了敏儿。老总的意思很明白，只要下次不再犯这样的错误即可。

在我们人生的历程中，错误就像是一只只包裹得严严实实的蚕茧，唯有正确对待这些错误，我们才能顺利地破茧而出。人生，之所以能够振翅高飞，也正是因为这些错误。它们或者是预期之中的，或者是意料之外的。然而，无论是哪种错误，我们都要提醒自己一点，即我们不是神，只是普通而又平凡的人。在不小心犯错之后，我们唯一能做的就是提升自己的能力，保证不再犯同样的错误。

第03章 让内心强大，才是对自己最好的保护

在生活中，每个人都想尽办法保护自己不受伤害，然而，一切事情的结果显示，无论从外界如何武装自己都无法使自己拥有安全感，只有内心的强大，才是我们对自己最好的保护。每个人都要进行一定的自我觉醒，只不过有些人觉醒得早些，有些人至死仍然执迷不悟。生活是如此艰难，命运是如此残酷，好好地活着，是对每个人的挑战。当我们备尝生活的艰辛时，就会明白放弃不是解决问题的办法，唯有勇敢面对，修炼自己强大的内心，才能顺利解决问题。

温柔的心，帮助你自我疗伤，积极正向

通常情况下，我们所说的温柔，往往是指向别人的。我们总是告诉自己要温柔地对待他人，却忘记了也要温柔地对待自己。对自己狠，对他人好的方式，已经不适合现代社会的发展了。更多的时候，我们既要对别人温柔，更要对自己温柔。生活是如此艰难，生存往往耗尽我们所有的心力，如何才能更好地关怀自己的情绪状态，是每一个现代人急需面对的问题。如果我们不能调整好自己的情绪，就不能转化痛苦为奋斗的斗志，那么对于仓促急迫的人生而言，未免太悲催了。关心自己情绪的办法有很多，最重要的就是同情自己。面对痛苦，很多朋友选择对抗，殊不知对抗非但丝毫不能减弱痛苦，反而会是痛苦数倍放大。就像是一个人身上有了残疾，一味地陷入绝望能够改变这种状态吗？答案显然是否定的。唯有正确地面对缺陷，包容缺陷，你的人生才能与缺陷共生，并且尽量摆脱缺陷对你的桎梏，一往无前。

面对痛苦，我们同样要选择拥抱的态度。不如抱一抱正陷入痛苦中的自己吧，当你的心开始温柔起来，你会发现你也变得极其温柔。如此一来，积极地进行自我疗伤，人生才能变得积极正向，从而彻底摆脱负面情绪的影响。

雅丽是复读生，这是她第二次参加高考。然而，她依然考砸了。原因就是雅丽的心理素质太差，总是过于紧张。一想到这是自己第二次参加高考，如果再考不好，到底是放弃大学之路，还是继续复读呢，就让雅丽焦虑万分。面对雅丽的状态，父母一直很担忧，虽然他们再三劝解雅丽，却对雅丽毫无帮助。果不其然，雅丽的高考再次遭遇滑铁卢之败。

等来等去也没有等到大学录取通知书的雅丽，简直伤心极了。她甚至对生活失去希望，也对自己无限懊恼。她恨自己为什么不能坦然面对高考，正常发挥该有的水平，而总是在一年辛苦之中白白忙活。她开始厌恶自己，甚至有绝食的倾向。看到雅丽的样子，父母担心极了。为了雅丽的安全和身心健康，他们不得不带着雅丽去看心理医生。经过心理医生的一番开导，雅丽开始接受自己的不完美。心理医生告诉她：每个人都有优点和缺点，每个人都有自己不完美的地方。其实，你已经很优秀了，只要能把心放宽一些，不就是再复读一年么，你要相信自己一定能行！雅丽也认清了自己的问题所在，暗暗下决心再也不一进考场就晕头。她甚至开始欣赏自己！原来一次次地复读，远远比放弃需要更大的勇气。在心理医生的鼓励下，她坚定不移地选择了复读。这次，她唯一的目标就是不再紧张，坦然面对和接受一切结果。

因为开始真心地接纳自己，雅丽再次充满希望。她知道，一切其实并没有想象中那么糟糕，如果自己能够再次鼓起勇气接受高考的磨砺，也就一定能够变得更加坚强勇敢，心理素质也会随之增强。是啊，既然已经面对了最坏的情况，为什么不更加疼惜和认可自己呢？想到这里，雅丽释然。

人生中，总会遇到各种各样的不如意，很多事情即使我们已经倾尽全力，也未必能够获得最好的结果。面对这样的结局，我们与其抱怨自己，不如温柔地对待自己，用温情再次唤起心底里的希望。任何时候，人生都只有充满希望，才能扬帆起航。

与自己拧着干，你只会更加软弱无助

曾经，古代的先哲们，对人性本善还是本恶，做出了讨论。然而，现代人们已经意识到，人的本性并非只有善恶那么简单。人的本性是很复杂的，涉及方方面面。在崇尚成功的现代社会，几乎每个人都想尽办法，想要出人头地，获得成功。然而，每个人的天赋都是不同的，每个人也有属于自己的优点和缺点。当我们看着别人的成功眼馋时，千万不要盲目模仿，而应该综合分析自己的情况。因为，你并不知道他人成功的方法是否适合于你。很多时候，我们为了成功违背自己的本性。例如，你明明非常友善，但是偏要装作很有心计的样子，在职场上与其他同事钩心斗角。最终的结局是什么呢？不是你获得了胜利，而是你最终变得不像自己。相反，只有遵从自己本性的人，才能拥有强大的内心。你善良就应该继续善良下去，即使面对某些邪恶的人吃了亏，那也是一种福气。因为外界恶劣的环境而改变自己的心意，是得不偿失的。当然，策略是可以改变的。曾经有位名人说，我之所以被欺骗，不是因为我傻，而是因为我很善良。毫无疑问，他不想改变自己的善良，但是他可以提升自己的防范心理，谨防下次上当受骗。

我们应该顺应自己的心灵，顺势而为，才能发挥自身的最大优势。面对生活和工作的诸多不如意，很多敏感而又自卑的人，总是不假思索地责备自己不够努力，不够优秀，甚至是不够用心。其实，你应该同情自己。你要知道，你已经尽力而为了，根本不像你想象的那么不堪。曾经有心理学家经过研究证实，过度紧张的情绪，会让人陷入沮丧和绝望之中，根本无从发挥超强的能力。同样地，内心的焦灼又会让我们更加脆弱，导致事情的发展陷入恶性循环。总而言之，与自己作对的人，永远不可能成为真正的赢家。

那么，如何才能做到不与自己拧着干呢？想吃的时候就品味美食，想睡的时候就睡个地老天荒，感到疲劳的时候就冲个热水澡，想要旅行的时候就来场说走就走的旅行……你会发现，当你想尽办法善待自己，你也就开始变得柔软起来。随着身体的舒适惬意，你的心也渐渐变得柔软。你不愿意再与自己的心背道而驰，因为南辕北辙是永远也到不了目的地的。你只有尊重自己的心意，顺从自己的心意，才能更加坚强。

作为一个年轻的女孩，艾伦是非常努力的。她的家在遥远的乡村，她内心里非常想要回到家乡，但是理智又告诉她必须留在大城市，永远地摆脱父辈面朝黄土背朝天的生活。为此，艾伦简直成了拼命三郎。她大学毕业后为自己找了一份比较对口的专业，发誓一定要利用这份工作出人头地。

就这样，艾伦每天都朝九晚五，从不知道疲倦。然而，因为长期的积劳成疾，她突发急性肺炎，不得不住院治疗。这次病情来势汹汹，非常凶险，足足让艾伦卧床半个多月。起初，她每天都高烧不退，后来身体也一直特别虚弱。这段时间的卧病在床，让艾伦开始冷静思考自己的人生。她告诉自己：你应该回到家乡的小乡村，那里有最新鲜的空气，还有你挚爱的孩子们。的确，艾伦从小的梦想就是成为学校的一名教师，为家乡的后代传授知识。如今，她终于下定决心，要回到家乡去。这个主意一定，艾伦突然觉得自己心里轻松了很多，也充满了希望。她似乎觉得自己马上就要扬帆起航，甚至迫不及待地想要回家了。病好之后，艾伦第一时间递交了辞呈，背起行囊回到了一心想念的家乡。在这里，她不但可以陪伴在年迈的父母身边，而且把村里的小学办得风生水起。她觉得，自己终于找到了人生的方向。如今，每天的工作对于她而言都是莫大的享受，她再也不觉得工作痛苦和难捱了。

在这个实例中，艾伦在毕业之初违逆自己的内心，理智上不愿意回到家乡。然而，大城市的生活节奏太快，压力太大，最重要的是她做的并不是自己真正发自内心想做的事情。为此，她非常痛苦，最终因为积劳成疾而病倒。这次病，反而给艾伦带来了冷静思考的机会。她很清楚，她应该遵从自己的内心，奔着心的指引而去。在回到家乡如愿以偿地成为一名乡村教师之后，艾伦真正感受到生命的快乐，在工作上也能力爆发，把村里的小学办得风生水起。如此一来，艾伦自然非常幸福快乐。

朋友们，每个人都有两个我。一个是表现出来的我，一个是内心深处的我。当这两个我能够统一时，我们才会感受到真正的生的快乐。相反，如果这两个我始终是相互背离的，我们不但无法感受到生命的乐趣，反而会因此而变得非常脆弱，能力也会随之降低。总而言之，我们应该顺应自己的内心，让自己快乐地拥抱生活。

要想让事态变得轻松，就千万不要自我隔绝

你有没有过这样的感觉，你想要逃离整个世界，到一个只有自己的地方独自疗伤。这样的你，必然遭受了致命的打击，甚至有万念俱灰的感觉。其实，自我隔绝并非是解决问题的好办法，它只会让你变得更加绝望，甚至产生轻生的念头。尽管我们有时候的确迫切地需要独处，但是我们并不能一味地陷入孤独。孤独就像是一种毒药，会啃噬我们的灵魂，让我们失去活着的兴致。任何人，都要学会把自己与他人联系起来，千万不要自我隔离。自我隔绝有很多弊端，诸如让小小的焦虑在独处的过程中不断升级，让原本没有那么糟糕的事态瞬间因为你的情绪失控而升级。

从某种意义上来说，把自己与他人联系起来，其实是关心自己的一种方式。当我们感受到他人的存在，就从某种意义上认可自己的存在。这里需要注意的是，自我隔绝并非只是空间意义上的，也包括纯粹精神上的。例如，有些人自我隔绝是跑到深山老林里去不见人。但是有些人则恰恰相反，即使他们身处闹市，也依然从心灵上进行自我封闭。他们不再与外界交流，完全把自己隔绝起来。这种精神上的自我隔绝，往往是更加严重的。试想，很多自闭症患者，不就是这样的情况吗？日久天长，他们必然对外界的环境漠不关心，听若未闻，视若无睹。这样一来，他们感受到的任何不愉快，必然会升级成深深的绝望。现实生活中，很多空巢老人就面临这样的状况。他们因为子女远离身边，长久地寂寞独居，因而很多老人都患上了抑郁症、焦虑症，动辄就对生存失去希望。这样的情况是很危险的。还有一些产妇患了产后抑郁症，其实也是自我隔绝导致的。敏感的人总是对他人的言行举止产生过激的反应，再加上自我封闭，很容易因为自我隔绝导致情绪失控，悲观绝望。

活着，我们不但要关注外在的世界，更要关注自己的内心世界。当发现自己有讨厌与人相处，也不想与他人交谈的倾向时，一定要及时排解自己的情绪，让自己感受到与他人联系的幸福与快乐。

作为妻子，林丹非常郁闷，这是因为她自从前几天生下孩子之后，丈夫托尼就一直抱着孩子看个没完没了，很少关注她。包括那些亲戚朋友，来看望她的时候，从未有人问过她好不好，而只是抱起孩子逗着玩耍。尤其是当婆婆劝说她多吃一些饭时，总是说："一定要多吃，还要多喝些汤汤水水的，这样才有充足的奶水喂饱我的大孙子啊！"林丹意识到自己的情绪有些失常，因为她甚至开始厌恶眼前这个皱巴巴的新生儿，是他夺走了属于她的一切关心和爱护。林丹常常独自掉泪，家人都不知道她怎么了。

有一天，林丹在电视新闻上看到一个产妇抱着十几天的新生儿跳楼了，这才猛然意识到自己患了产后抑郁症。林丹不由得惊出一身冷汗，马上把这个问题告诉了托尼。她还对托尼说："那个产妇，就是因为郁郁寡欢，也不与任何人交流才会选择走上绝路的。"听到林丹这么说，托尼也非常重视。从此之后，他把新生儿交给奶奶照顾，自己则全心全意地照顾和陪伴妻子。在托尼的开导下，林丹的心情渐渐好起来。后来，她说："真是奇怪啊，当时我不知道怎么就一心一意地和自己十月怀胎的小家伙吃起醋来。现在想来，大家都爱他多么好啊！"

这个事例中，林丹患了很多孕产妇都会得的抑郁症。幸好，她在一则新闻的启示下，意识到自己的状态其实很危险。如果一味地封闭自己，让自己看到每个人关心新生儿的人都非常生气，那么最终也许会酿成严重后果。幸好，她及时把这件事情告诉丈夫，让丈夫多多关心和安慰她，陪伴她走过最艰难的时刻。如此看来，主动寻求帮助的林丹是非常明智的。

生活中，几乎每个人都有感到软弱无助的时候。如果总是把自己封闭与隔离，那么最终会导致恶性的情绪成倍增长，自己也就无法更好地面对内心。不管什么时候，我们都应该勇敢地与他人取得联系。尤其是对于那些关心和爱护我们的亲人朋友，则更要在自感艰难时主动向他们求助。唯有及时排遣消极情绪，一切才有可能更加从容。

当思绪成为脱缰的野马，你一定会黯然神伤

曾经失眠的人都有过这样的体验：你越是强迫自己什么也不要去想，就越是因此而神思敏捷，恨不得一夜不睡到天明，也要把那些琐碎的事情想个清清楚楚，明明白白。这就是与自己的思绪对抗的恶劣后果。人，生而崇尚自

由，所以才会有名人说：“生命诚可贵，爱情价更高。若为自由故，两者皆可抛。”由此可见，自由对于我们的生命有着多么深刻的意义。同样的道理，在我们的肉体追求自由的同时，我们更在乎精神上的自由，而且我们潜意识里的思绪也需要自由。当我们的脑海中充斥着各种各样的想法时，我们也许会在理智的指导下选择强迫自己不再思考。然而，这并不是解决问题的好办法。真正的好办法是，我们应该放任思绪，任由其像一匹野马，自由自在地在心灵的草原上奔跑。否则，当你试图限制它，它就一定会成为一匹努力挣脱缰绳的野马，让你黯然神伤。

尤其是在心思烦乱的时候，我们更不应该试图整理它们。不如让它们自由地进进出出吧，只有这样，它们才有可能自我净化和升华，同时找到最佳的顺序。为了避免强制性改变思绪，我们可以采用自我暗示的方法。例如，当你因为一件事情即将发生而心神不宁时，不如告诉自己“该来的总会来”。把这句话反复地在心中默念，你会惊喜地发现自己纷杂的思绪居然渐渐恢复平静，不再那么四处乱撞了。再如，如果你因为一件事情犯了错误，导致自己陷入羞愧之中，不知道如何是好，那么你可以告诉自己“金无足赤，人无完人”。这样，你既因为羞愧进行了深刻的自省，也因为暗示自己，从而避免自己陷入尴尬的境地。这就是制服思绪的方法，是引导，而不是强制。

老张总是失眠，这个问题已经困扰他很久了。在一夜又一夜地睁眼到天亮之后，老张简直要崩溃了。为此，他决定去看心理医生。心理医生问老张：“你睡不着的时候想些什么呢？”老张无奈地说：“都是些芝麻蒜皮的小事，越是不想想，越是一股脑地往脑袋里钻。”心理医生说：“正是因为你不想，所以思绪才会像脱缰的野马，导致你整晚都无法入睡。”老张惊讶地看着医生，医生继续说：“任何力都是有反弹作用的。你越是使劲，它反弹得就越是厉害。当你胡思乱想的时候，最好的办法就是起床，不要睡觉了。起来看看书，或者做点儿什么，等到困倦了再去睡觉。或者，你要是不想起床，索性就配合思绪，努力地去想。这样，你也就没有那么纠结了。如若不然，倘若你继续压制思绪，思绪就会像脱缰的野马，变得更加狂野。总而言之，你要顺着思绪的牵引，而不要违背思绪的意志。”

深受失眠困扰的老张，决定试一试医生的办法，虽然他现在还不确定医生说的是有道理的。当天晚上，他又在床上辗转反侧，这次，他并没有违背思绪的意志，而是随着思绪的飘荡在回忆中畅游。想着想着，在那些青葱岁月的美好回忆中，他居然睡着了。经过了这次验证，老张更加相信医生所说，因而再也不在失眠的时候强制思绪，而是任由思绪飘飞了。渐渐地，老张失眠的情况越来越好转，他也不再深受失眠的困扰了。

在老张失眠的事例中，老张此前之所以总是被失眠折磨，就是因为他总是违背思绪的意志，试图强制思绪停止飘飞。殊不知，思绪也是崇尚自由的。面对束缚，它一定会更加变本加厉。幸好老张在医生的指导下选择了顺其自然的方式，不再强制限制思绪。如此一来，老张的失眠症状就好转很多。

其实，不仅仅是对于失眠。生活中的很多时候，我们都想要控制自己的思绪，让思绪顺着我们的思想飘飞。心理医生的建议自然是正确的，不管什么时候，我们都不能违背自己的潜意识，限制思绪的飘飞。

“我”是动词，把你的灵魂尽情释放

从语法的角度来说，“我”是名词，是组成句子的主语。也因此，我们总是把自己作为主体，而从不能积极主动地去做些什么。我们习惯了被安排，习惯了接受命运的捉弄，也习惯了接受父母的指令，但是唯独忘记自己——我，其实是个动词。只要活着，一切的主体就都是我。我，是个不折不扣的动词，只要愿意，我们每个人都可以自主安排自己的生活，选择自己喜欢的生活方式，尽情释放压抑的灵魂。

和几十年前相比，现代社会中的人们普遍拥有更强的自我感。所谓自我感觉，其实就是自我意识。虽然养成良好的生活习惯对于我们的人生有很多的好处，但是如果处处被习惯和意识禁锢，“我”就失去了主观能动。实际上，很多事情并没有世俗规定的那么复杂，我们只要遵从自己的内心行事，一切就都很简单。真正充满智慧的人，从来不会被外界的是非束缚住，相反，他们清楚地知道自己想要什么，也知道自己的心之所向。

当你把“我”看成是动词，你就会意识到生命其实掌握在你自己手中。你再也不会被动地等待和接受，而是会勇敢地行动起来，变成一个不折不扣的行动派。“我”一旦成为动词，就会全身心地投入生活，获得精神上的彻底自由。“我”不会再委屈自己的灵魂，也不会过多地在乎他人的看法，“我”就是独一无二的我。

当然，在挣脱外界的束缚之后，“我”也是会被自我束缚住的。要想摆脱自我的束缚，我们就要看轻自己。也许有人会说这是矛盾的，摆脱外界的束缚要看重自己，有自我感，摆脱自我的束缚有要求看轻自己。那么，我们到底是看重自己还是看轻自己呢？实际上，这二者之间并不矛盾。所谓看轻自己，是把自己融入“势”之中，做到顺势而为。凡事都有“势”，它其实是万事万物发展的规律。只有顺势而为，我们才能借助于事物本身的发展规律，成就自己。

她从小就诸事不顺，几次高考都名落孙山，到村子里当了一名代课老师，又被学生赶下讲台。后来，不管是去服装厂还是电子厂打工，她永远都是效率最低的那一个。沮丧之际，她问母亲：“我是不是今生注定一事无成？”母亲爱抚地摸着她的头，说；“不是的。你只是还没找到真正适合自己的做的事情。这就像是一块地，种庄稼不行可以种豆类，种豆类不行可以种蔬菜瓜果，总而言之，一定会与一种作物在她的怀抱里获得大丰收。你呀，一定是有独特的任务。”

在母亲的鼓励下，她不再被动地接受命运的安排。一直喜欢绘画的她，拜师学艺，学会了服装设计。也许真如母亲所说，她的确在服装方面有特殊的天赋。后来，她先是开了一家成衣店，又开班了自己的服装加工厂。如今的她，已经是一家大型服装厂的老总，与昨日不可同日而语了。看到自己如今的成就，她非常感谢地对母亲说：“妈妈，是您给了我不一样的人生，是您始终相信我。”母亲依然笑着说：“这一切，都是你的努力。你把握了自己的命运，才有今天的成就。”

在这个事例中，她原本被命运捉弄，处处不顺。眼看着就要对命运绝望，母亲却告诉她一块地总是适合的作物能够丰收。从此，她扬起命运的风帆，努力地与命运抗争。尽管有很多艰难和坎坷，但是最终走出了属于自己的人生之路。

人生就是如此，对于强者，它表示臣服。对于弱者，它总是百般捉弄。从现在开始，我们都要成为命运的强者，把“我”变成地地道道的动词，把命运牢牢地掌握在手中。唯有如此，我们的人生才会绚烂绽放！

只有你，才能成为你彻底的救赎

曾经有位名人说过，人最大的敌人就是自己。真正战胜自己之后，我们才变得强大起来。这句话很对，任何外界的威胁和苦难，最终都是通过我们的心才打败了我们。当我们的内心足够强大时，我们就变成了真正的强者。

在各种寺庙里，每到节假日，总是有很多人在烧香拜佛。他们或者口中念念有词，或者虔诚地拜着，眼神里满是期许。对于这样的场景，相信很多人都不陌生，更或者，你，也曾经是其中的一员。其实，这种现象之所以愈演愈烈，是因为大多数人都不相信自己。他们把命运放在神佛的手中，却不相信自己才是命运的主宰。实际上，不管你此刻正在遭遇怎样的灾难，都只有你自己才能拯救自己，才能让自己逃脱厄运的束缚，奔向一片光明的人生。

在18世纪的俄国，有个著名的探险家叫保尔诗。1895年，保尔诗和慕斯一起去北极进行考察，顺便也要在北极探险。在翻越一个危险的山脉时，慕斯不小心滚落山下，把腿摔断了。为此，他们不得不放慢行程，走了一年多的时间才回到家中。在完成这次探险之旅之后，慕斯对保尔诗赞不绝口。他很清楚，在那么极端恶劣的情况下，如果不是保尔诗一直竭尽全力地照顾他，他根本不可能成功返回。对此，保尔诗不以为然地说："亲爱的朋友，是你在绝望之中从未放弃希望，所以才能死里逃生。否则，我就算再怎么努力，也不可能背负着只有一条腿能用的你平安返回。你的勇敢和坚韧，让我佩服不已。"

从保尔诗的话中我们不难得知，虽然他一直在尽心竭力地帮助慕斯，但是最终让慕斯摆脱绝境的是，还是慕斯自己那颗永不放弃的心。众所周知，北极的环境极其恶劣严酷，别说是只剩下一条腿能用的人，即使是健康的人，也需要付出极大的毅力才能战胜恶劣的自然条件。然而，强烈的求生意志让慕斯始终坚持着，从未产生放弃的心。正如保尔诗对慕斯所说的那样，在探险的道路上，只有你自己才是你的神。那么，人生的道路又何尝不是如此呢！每个人都是自己人生道路的主宰者，必须用心地把握好方向，才能最终拥有灿烂辉煌的成功。

人的本性就是畏惧困难，尤其是当难度很大的时候，我们总会情不自禁地渴望得到他人的帮助。然而，没有人能帮你一辈子，归根结底，你必须依靠自己的努力才能度过一生的艰难坎坷。在这个世界上，从来没有任何一条成功的经验是适合任何情况的。每个人都必须独自披荆斩棘，才能找到属于自己的成功道路。因此，当你依然寄希望于他人，或者是神佛时，不如用这些宝贵的时间来反思自己，从而找到最适合自己的成功方法。

第04章　接受被拒绝，你才能够离敏感远一点

一个人即使再怎么优秀，也不可能让所有人感到满意，更不可能得到所有人的认可和赞许。因此，你真正成熟的标志，就是能够坦然接受他人的拒绝，既不悲伤，也不懊恼，而是能够理智地想到别人之所以拒绝你，一定是有他们的理由。由此一来，你也会离敏感越来越远，不会再因为敏感而导致自己情绪波动。

不帮你，有的时候其实是在真正地帮助你

现代社会，人们的生存压力越来越大，工作节奏越来越快，我们在生活和工作中，经常会遇到各种各样的困难，需要向他人寻求帮助。每当这种情况下，作为寻求帮助的人，我们一定非常想要得到他人毫不迟疑的帮助，然而，现实情况却让人遗憾，那就是我们在请求得到帮助时，常常被拒绝，原因则形形色色。例如，有人是因为心有余而力不足拒绝你，有人是因为觉得交情不到而拒绝你，有人就是不想帮助你，还有人则是等着看你的笑话呢！这些原因，未免让我们觉得沮丧失望。然而，不管这些拒绝出于那种原因，最终带给我们的未必是坏的结果。那就是，在被他人拒绝之后，你一定会断绝寻求帮助的念想，努力地通过自身渡过难关。除此之外，还有一种拒绝从出发点就是好的，即对方是为了锻炼你的能力、磨炼你的意志、激发你的斗志，故意好心地拒绝你。

大学毕业之后，他想要创业，因而和大学时期的同窗好友募集资金。因

为是小本经营，所以需要借用的钱并不多。然而，他借来借去，连原本好得穿一条裤子的好朋友都拒绝了他。这件事情让他当时在一夜之间就成长了起来，深深地懂得：要想让别人看得起你，信任你，敢借钱给你，你必须自己奋发图强。

从此之后，他再也不奢求从别人那里得到帮助，而是一切倚靠自己，努力地从点点滴滴做起，直到把一个小小的小吃店，变成了一家拥有十几家连锁店的大酒店。如今的他，不是想求着别人借钱，而是他的那些同学有几个在银行的，都巴结着他，想让他去他们所在的银行贷款呢。他的命运，就因为遭遇拒绝突然间发生了翻天覆地的变化，他发自内心地感谢曾经拒绝他的同学们。

今天下午，有个乞丐路过我们家，向我的妈妈乞讨。妈妈看着衣衫褴褛的他，突然说道："你去帮我把门口的砖搬到后院堆放好。"乞丐有些恼怒，用左手挥舞着自己空洞的右袖，说："你看看，我是个残疾人。你不给钱也不用这么故意刁难我吧！"妈妈淡然地用一只左手抱起几块砖，说："你看，一只手也可以搬砖。"看到妈妈这么说，乞丐不再言语，沉思了一会儿，开始搬砖。那么一大堆砖，他在烈日下足足搬了两个小时，才搬完。这时，妈妈从冰箱里拿出冰镇饮料给他喝，还拿出一条崭新的毛巾浸透冷水给他擦脸。等到乞丐不再气喘吁吁了，妈妈拿出五十元钱递给他。乞丐连声感谢，妈妈不以为然地说："这是你的劳动所得。"几年之后，有个西装革履的人来到我们家找我的妈妈。我根本不认识他，但是当看到他空洞的右袖时，不由得心中怦然一动。果不其然，他就是当年那个衣衫褴褛的乞丐，如今已经是一家大企业的老板了。看到妈妈，他赶紧深深地鞠躬，说："阿姨，非常感谢您当年拒绝施舍我，而是让我凭借劳动获得了报酬。正是您的启发，我现在才拥有了属于自己的企业，再也不用依靠乞讨生活。"妈妈依然淡淡地说："这都是你的劳动所得。"

在上述两个事例中，第一个事例的主人公因为被同学和朋友拒绝，意识到世态炎凉，因而奋发图强。在第二个实例中，那个乞丐在妈妈的坚持下，付出劳动才得到报酬，也感受到他人的尊重，因而从此不再死乞白赖地乞讨，而是努力地倚靠自己的双手打出一片天地，获得了成功的人生。

从这两个事例中不难看出，无论是那种拒绝，带给我们的都是自强自立。最重要的是，我们必须摆正自己的态度，做到坦然面对拒绝，奋发图强，开拓自己的人生。如果你在被拒绝之后只是一味地抱怨，那么你无论如何也得不到成功的青睐。

无能的人才会用交情绑架朋友，谁也不欠你的

很多人都觉得，当自己遇到困难的时候，很多人都有义务帮助自己，尤其是亲戚朋友。受这种想法的影响，他们一旦没有如预期般得到亲朋好友的帮助，马上就会对亲朋好友心生怨恨，甚至觉得别人都亏欠自己的。长此以往，谁还愿意和这种死皮赖脸要得到帮助的人打交道呢！民间有句俗话，叫作“帮是人情，不帮是公道”。这句话很好地告诉我们，对于他人的慷慨帮助，我们应该心怀感激，但是对于他人的合理拒绝，我们绝对不该心怀不满，甚至心生怨恨。

对于帮与不帮这件事，有位名人曾经对孩子说：“你要记住，在你的一生之中，除了我和你的母亲，没有人有义务照顾和帮助你。”这句话听起来有些冷漠，但是却告诉了孩子人生的真谛。的确，除了父母从我们呱呱坠地之日起就尽心尽力地照顾我们之外，其他人都是出于感情才会帮助我们。当然，每个人都有自己的苦处，也有自己的生活需要面对，如果心有余力帮助我们，我们理应表示感谢。如果因为各种原因拒绝我们，我们也不应该以“亲戚”“朋友”等名义绑架他们。归根结底，用感情绑架他人来帮助自己的人，是无能的

人。要知道，这个世界上，包括父母在内，没有任何人欠你的。父母之所以倾尽全力地帮你，扶持你，只是因为他们是最爱你的人。但是，话虽这么说，依然有很多人在被拒绝之后，总是对拒绝他的人心生嫌隙，甚至与其翻脸成仇。这样的做法未免让人瞧不起，因为，豁达的人在失去这样的朋友之后丝毫不会觉得惋惜。

杜鹃和马敏是好朋友，从大学时期就一直私交甚好。大学毕业后，马敏留在了大城市继续奋斗，杜鹃则因为是家里娇滴滴的独生女，因而回到家乡的小县城教书。对于两个好朋友截然不同的命运选择，很多人都觉得惊讶。原本，同学们都以为杜鹃会和马敏一样留在大城市呢！

几年之后，她们都到了谈婚论嫁的年纪。杜鹃交了一个男朋友，双方父母也已经见过面了，都觉得很满意。为此，她与男朋友的婚事提上了议程，也开始张罗着买房。尽管双方父母都给了他们一些钱，但买房再加上筹办婚礼，他们还是经济紧张。这时，杜鹃想到了马敏，因而给马敏打了个电话："马敏啊，我是杜鹃。你最近还好吗？"马敏说一切都好，为此杜鹃继续说道："马敏，我有件事想请你帮忙。我最近要准备结婚了，刚刚买了房子，接下来还要装修、筹备婚礼，因此经济紧张。我这不是想到你在大城市挣得多，所以想从你那里周转一些。"马敏有些迟疑地说："杜鹃，真不巧，我也刚刚和男友一起买了房子。你知道的，大城市房价特别贵，我们把所有的钱都凑了交首付，现在每个月的工资也都大部分同来还月供了。要是你能等的话，我年底会有几万块钱年终奖，到时候再借给你，好不好？"杜鹃听到这话，突然不高兴地说："哎呀，这也太巧了吧！我买了房子，你也刚刚买房。算了，我结婚的日子都定了怎么等呢？我再去想别的办法吧！"说完，杜鹃就挂了马敏的电话。

等到结婚的时候，杜鹃也没有通知马敏，反而是马敏买了一床优质的床品托人带给杜鹃。但是，杜鹃始终对马敏没有借钱给她的事情耿耿于怀，两个好朋友之间就这样淡漠了。

在这个实例中，杜鹃找马敏借钱，其实就是很不明智的。虽然马敏在大城市生活，挣得多，但是大城市里开销也很大，而且和杜鹃同岁的马敏必然也面临着买房、结婚等事宜。在这种情况下，马敏依然表示愿意把年终奖借给杜鹃，实属难得。但是杜鹃却当即生气，说起不咸不淡的话来，着实让人伤心。

其实，我们在向他人寻求帮助的同时，就应该想到自己有可能被拒绝了。归根结底，现代社会物价飞涨，房价升天，谁不缺钱呢？朋友之间即使关系再好，也很难在钱上实现互通。毕竟，每个人都有属于自己的生活，每个人也只有自己才清楚生活的酸甜苦辣。如果用友情去绑架他人寻求帮助，那么非但无法达成心愿，反而会导致连朋友都做不成了。

即使能力不足，也依然要勇往直前，竭尽全力

生活中，你的优越感和对生活的满足感从何而来，是来自你的内心，还是来自他人的赞赏？尽管理智告诉我们答案应该是前者，但是现实的情况却是，很多人对自我的肯定都来源于他人。那么，当你的自尊自信都建立在他人的评价之上，一旦他人不再赏识你，你又如何面对自己呢？只怕你的心灵会瞬间崩塌，不再知道如何面对自己。

由此可见，当我们把对自己的信心建立在外界的人或者事物上，就极大地削弱了我们抵抗外界变动的能力。真正的强者，他们有着超强的自信，而且很少在乎他人的评价，更不会因为他人的改变而使自己发生巨大的变故。虽然明知道自己能力不足，他们依然会坚定不移地勇往直前，直到他们竭尽全力。曾经，我们在面对生活的各种刁难时，总是告诉自己要尽力而为。然而，现代社会不断发展，我们的生活日新月异。如果我们不进步，就会被时代的洪流远远

抛下。为此，我们不管面对怎样的苦难，都必须竭尽全力，尽力而为是远远不够的。其实，我们的潜能远远超出想象，最重要的就是以坚强的毅力和顽强的斗志，激发出我们的潜能。你，远远比你想象得更加强大。喜欢看好莱坞大片的人都有这样一个感触，每个大片中的主角都如同打不死的小强，越挫越勇，这正是我们应该学习的面对生活的态度。就像一颗野草的种子，就是落在钢筋水泥的缝隙中，只要有随风飘来的一点点土壤，也会顽强不屈地生根发芽，变成墙头上的那株狗尾巴草，摇曳在风雨飘摇之中，欢笑在清风明月之下。

在创办如今遍布世界的连锁餐饮肯德基炸鸡时，桑德斯上校已经65岁了。在他的前半生，经历了无数的坎坷，直到65岁依然一事无成。然而，生命从何时开始都从来不晚。桑德斯上校就在65岁的高龄开始创办连锁餐饮。当时的他情况很糟糕，所有的家当只有105美元。知道他的这100多美金是如何得来的吗？是他领取的救济金。正因为情况已经糟糕得无法再糟糕，所以桑德斯上校开始思索和寻求改变生活的办法。在此之后的很长时间里，桑德斯上校都拿着自己的炸鸡秘方四处游说餐馆，想让他们购买自己的秘方。然而，他得来的只是拒绝，还有很多无情的嘲笑。

思来想去，他从未放弃。他几乎开着那辆破车走遍了整个美国，不管吃住都在车里，醒了就继续游说。他已经记不清楚自己经历了多少次失败了才听到那声认可。从此之后，肯德基连锁参观在美国遍地开花，如今在全世界都有了无数家分店。这就是肯德基的发家史，是不是出乎你想象的坎坷。

桑德斯上校如今在世界各地的每一家肯德基门口笑脸迎客，他在创办肯德基之初，肯定没有想到自己研究出来的秘制炸鸡居然有一天能够开遍世界。当时，他也许唯一的信念就是他必须改变生活，否则就无以维生。然而，不管是出于那种目的或者是信念，只要坚持不懈，就一定会有收获。竭尽全力的桑德斯上校成功了，你呢，你是否也会为了梦想，为了生活，而竭尽全力呢！

人生没有随随便便的成功，哪个人的成功不是经历了风雨，始终在坚持着。从现在开始，不管遇到什么困难，我们都不能轻言放弃。唯有努力到最后，我们才能笑迎成功。退一万步说，就算是失败了，也无怨无悔。人生短暂，如果从未倾尽全力地拼搏一次，就对不起自己的生命。

一味地肯定，只会让你迷失自我，盲目自信

生活中，每个人都渴望得到他人的肯定，然而却浑然不觉，一味地肯定常常会让我们陷入沾沾自喜之中，甚至完全没有意识应该进行自我反思。的确，肯定的话语，尤其是赞赏的话语，是没有人会拒绝的。归根结底，我们的信心来自于自身，也来自于他人的认可。然而，就像是一个人每天的每时每刻都在吃糖一样，几天下来，他一定不会再知道什么是甜，更不知道什么是咸。偶尔的肯定，就像是给我们打了一针强心剂，让我们精神抖擞，继续勇往直前。长久的肯定，只会让我们变得麻木，甚至以为肯定就是生活的常态。殊不知，生活中永远不可能都是甜，更多的还有酸苦辣咸。因此，我们怎么能忘记其他的滋味呢，否则一旦甜味不复存在，你也就会无所适从。

否定，听起来就不那么让人愉快。然而，否定对于我们的成长和学习，却有着至关重要的作用。就像我们学生时代参加考试，每当老师批改完试卷，对我们而言最重要的不是做对了哪些，而是做错了哪些。唯有正确地改正错误，明白自己在做错过程中存在的误区，你才能获得突飞猛进的发展。相反，如果你每次都考一百分，一定会在不久的将来突然急转直下，不知道能考多少分呢！人生，何尝又不是一次又一次地考试呢？从学生时代的考试，到工作以后的完成工作，每次都是在考试，每次都是在接受检验。因此，千万不要沉迷于一味的肯定之中，为你指出缺点的人，才是真正对你好的人。如果你曾经对于

否定你的人心怀不满，那么看到今天这么优秀的自己，你一定要去感谢他，就像你在若干年后功成名就时突然想起小学时对你无比严厉的那位老师一样。

自从老师说要多多表扬孩子之后，小鱼的爸爸妈妈就开始了对小鱼的“肯定”攻势。当然，告诉他们要肯定和表扬孩子的是幼儿园老师。的确，在幼儿园阶段，孩子很多事情都是第一次尝试，难免会产生畏难心理，因而需要父母多多鼓励和支持。然而，在进入小学阶段后，爸爸妈妈依然采取这样的策略对待小鱼，最终导致小鱼心理非常脆弱。有一次，老师指着小鱼做错的一道题目，对小鱼说：“小鱼，你这道题做错了，是因为你太粗心了。粗心可不是好孩子啊，你一定要积极改正，下次要认真细心一些。”听到老师的话，小鱼突然就委屈地哭了起来。老师不明就里，还以为怎么着了呢！小鱼不停地哭啊哭啊，老师只好把妈妈叫到学校。妈妈经过一番了解之后，才从小鱼口中得知：我哭，是因为老师不喜欢我啦！我其他的都做得很对，他没有表扬我，却只是批评我。

得知这个原因，老师啼笑皆非。在详细询问妈妈教养方式之后，老师感慨地说：“小鱼妈妈，每个年龄段的孩子心理发育特点都是不同的。你们可千万别再一味地肯定孩子了，你看看，孩子现在连一句否定都受不了，有明显想要忽视自己的不足和缺点的倾向。这样的话，没有人敢否定孩子，给他指出错误，他又怎么进步呢？”

在这个事例中，由于爸爸妈妈盲目执行幼儿园老师的建议，总是肯定小鱼，导致小鱼在长达几年的时间里养成了只能接受肯定、不能接受否定的坏习惯。长此以往，他根本无法进步。对于这样的情况，爸爸妈妈必须及时改变教育的思路，让孩子多多接受挫折教育。要知道，人生不会总是一帆风顺，现在顺风顺水的孩子，早晚有一天会因为受到挫折而遭受沉重的打击。只有从小就对孩子进行挫折教育，让孩子的心理承受能力越来越强，孩子才能在未来的人生中坦然面对各种突如其来的打击，也才能更加坚强快乐地生活下去。

不仅仅孩子如此，成人也是如此。正如古代的君王，要想成为贤明的君主，只听下面的大臣们拍马溜须是不成的，他们必须能够静下心来，放下高高在上的身架，听听逆耳忠言，才能变得更加豁达贤明。天子尚且如此，更何况是我们凡人呢？！从现在开始，让我们也多多听听那些否定的意见吧，只要真正听进心里去，你就一定能够取得飞速的进步。

当遭遇拒绝，真正的强者一定会变得更强

曾经有人说，看一个人的底牌，看他的朋友；看一个人的能力，看他的对手。由此可见，对手恰恰是最能证明我们实力的人。一个人拥有怎样的对手，就意味着他拥有多么强的能力。这就是力的相互作用。那么，当遭遇拒绝的时候，也才能看出从骨子里你是一个强者还是一个弱者。生活中，有很多外强中干的人。很多人表面看起来非常强悍，能力也非常强，但是那只是在风调雨顺的情况下。一旦狂风暴雨来临，他们马上就会显出真实的面目，变得不堪一击。真正的强者，不管是在顺境中还是在逆境中，都一如往常。例如，强者在遭受拒绝时，首先不会去埋怨。因为他们知道，不管是谁都没有义务必须帮助他，因而他会笑着感谢他人的拒绝。其次，他肯定不会自暴自弃，因为放弃只是意味着彻底地失败，只有始终心怀希望，一切才能有东山再起的可能。最后，强者不到最后一刻，绝对不会放弃希望。他们会不停地寻找解决问题的方法，无限制地尝试下去，直到成功为止。这就是强者在遭遇拒绝时的表现，值得我们每一个人认真学习。

拒绝，有的时候是对潜能的激发。大多数人并不知道自己的能力有多强，很多时候他们表现出来的弱恰恰是因为内心的限制。一旦超越内心的局限，人

的潜能就会充分发挥出来。这种超越，有的时候必须在绝境中才能实现。例如，一个穷书生爱上了富家千金，但是却被富人挖苦讽刺，让他出人头地再来求亲。正是在这样的刺激之下，穷书生努力奋斗，原本毫无背景的他居然平步青云，不可与昨日同日而语。如此想来，有多少年轻人是因为爱情失意才能功成名就的。这就是拒绝的神奇力量。相反，如果穷书生很顺利地娶上了富家千金，很有可能就此庸庸碌碌下去呢！

小霞今年读高三了。作为班里的班长，她不但学习成绩名列前茅，而且各项能力都非常强。最重要的是，小霞长得非常漂亮，身材匀称，面目清秀，皮肤出奇地白皙。其实，班里有很多男孩都在暗恋小霞，但是，小霞唯独喜欢成绩特别差的小风。小风个子高高的，相貌英俊，最重要的是他其实非常聪明而且有趣，只是不喜欢学习罢了。

当然，小风并不知道小霞喜欢他，尽管他很喜欢小霞。为了让小风在最后的一年里奋发图强，小霞想出了一个好办法。有一天，小风和往常一样在自习室里看小说，小霞故意走到小风面前，对他笑了笑。看到班级里大多数男生的梦中情人小霞居然对着自己笑了，小风激动不已，居然写了张纸条递给坐在他对面的小霞："小霞，做我的女朋友好吗？"小霞抬眼看着小风，一语不发。过了很久，小霞回了一张纸条给小风："明年此时，咱们清华门口见。"看着这张纸条，小风满脸通红。他很清楚小霞的意思：小霞一定是让他这个学习很差的混混不要做白日梦啦！小风愤怒地离开了，后来居然转学走了。小霞一直想着小风，也如愿以偿地考入了清华大学。报到那天，她呆呆地站在学校门口，不知道能否望见那个熟悉的身影。小霞很清楚，以小风之前的成绩，想要考入清华，必得付出百倍的艰辛和努力。正当小霞等了很久，准备往校园里走时，一个熟悉的声音突然响起来："怎么，你不是说好要等我的吗？"小霞惊喜地转过头，看到背着行囊的小风正站在门口。小风笑着对小霞说："我到底是来与你见面了。不过，我考进了北大，不知你是否还愿意做我的女朋友？"

小霞高兴极了，羞涩地点点头。

在这个事例中，原本对待学习漫不经心的小风，之所以能够考入北大，就是因为小霞曾经对他的拒绝。从本质上来说，小风其实很聪明，也很有志向。在愤怒地与小霞分开之后，他选择了转学，独自度过那漫长而又难熬的高三复习生涯。他的确成功了，因为小霞的拒绝极大地激发了他的潜能。如今，他和小霞一个在北大一个在清华，简直就是最幸福的恋人。

拒绝，带给我们的并非都是负面的影响。很多情况下，我们只要摆正心态，就能从拒绝中获得强大的力量，甚至改变自己的人生。如果你一直自诩为强者，那么就从坦然面对和接受拒绝开始吧！

只要能挺直地站立，就永远不要卑躬屈膝

一撇一捺，就是大写的人字。这个字属于象形文字，真的和站立的人非常相像。那么，在真正的生活中，有多少人能做到始终挺直腰杆站着呢？曾经看过一幅画，画上是一个佝偻着身体的老农。也许是因为一辈子在黄土里辛勤地劳作，也许是因为生活在社会的最底层饱受压迫，他的腰是那么弯曲，似乎永远也直不起来。然而，即便是这样一个饱受生活之苦的人，他精神的脊梁却坚韧顽强地挺立着。

每次走在街上碰到那些沿路乞讨的人，如果是老弱病残，我的确付出少许的金钱聊表心意。然而，如果是看到那些四肢健全的成年人，故意把自己弄得衣衫褴褛、面有菜色地去乞讨，心中难免厌恶。我常常想：现代社会这么多的工作机会，有手有脚的人，随便做工都能养活自己，为什么非要卑躬屈膝地四处乞讨呢？难道长久地弯腰低头，不觉得已经失去了做人的尊严吗？一个真正

的人，一个大写的人，哪怕身体残疾，也会竭尽所能地付出劳动来讨生活，而绝不会卑躬屈膝。这就是人与人的脊梁不同。

作为人，我们一定要努力地挺直脊梁，任何时候都拒绝弯腰低头。当然，在向长辈和师长认错时，作为小辈，出于尊重和敬意，是可以低头的。但是如果是出于乞讨的目的，则一定要有尊严地活着。曾经网络上流传的新闻里，有研究生因为毕业后始终找不到合适的工作，给用人单位的老总下跪。这样的研究生，只能说是数十年的书都白读了，连做人的道理都不懂得。俗话说，男儿膝下有黄金。其实不仅仅是男人，每个人膝下都有黄金，只能跪天跪地跪父母，而不能随意地给他人跪下。无论发生任何事情，一味地恳求他人帮助，或者摇尾乞怜，都不能彻底解决问题。我们只有自强自大，才能真正做到昂首挺立于人世间。

对于爱情，经常有人说要卑微到尘埃里。其实，真正的爱情彼此是公平的，而且相互尊重。对于小薇而言，她卑微到尘埃里的爱情已经让她吃足了苦头。

小薇是一个来自农村的孩子，在高中毕业之后，因为家里条件不好，父母没有经济能力再继续供养她读大学，因此她就来到高中男友就读大学的城市打工。也许是因为高中男友现在已经成为大学生了吧，小薇总是觉得自己配不上他。但是，小薇并没有选择放弃，而总是在发薪水的日子，就给男友买这买那。男友呢，其实早就看不上土里土气的小薇了，毕竟大学校园里青春靓丽的女孩有很多。然而，为了从小薇这里得到更多的经济支持，他依然每周都与小薇见面。不管是买东西还是下馆子，统统都是小薇掏钱。有的时候，小薇还会用自己辛苦积攒下来的钱给男友买手机、买名牌衣服等。四年的光阴转瞬即逝，在男友大学毕业的前夕他对小薇说："我觉得我们之间没有共同语言了。你还是去寻找属于你自己的幸福吧！"男友的这句话对小薇而言无异于晴天霹雳，她怎么也想不通，男友之前一直好好的，现在怎么就这样了。虽然小薇哭泣着恳求男友不要抛弃他，甚至为此而下跪，但是男友心意已决。

和男友分手之后，小薇一连三天蒙头大睡，她终于想明白一个道理：即使她已经为他低到尘埃里，也依然无法挽回他的心。虽然自己这几年来省吃俭用供养他读大学，但是他早就已经变心了。小薇懊悔不已，如果她能利用这四年的时间边打工边参加继续教育，也许她现在早就是大学生了。

为了爱情，把自己低到尘埃里，甚至无怨无悔地付出一切，就一定能够求得爱人的回心转意吗？真正的爱情，必须建立在公平的基础上，根本不可能只由一方付出。这样的爱情是不平等的，也是不可能长久的。如果你也正在贪婪地享受爱情，那么一定要保持清醒理智的头脑，任何时候都不要强求的感情。正如台湾诗人舒婷所说的，你只有作为树的形象出现与所爱的人并肩而立，当清风徐来时能够彼此挥手致意，你才能真正地拥有爱情。

不仅仅爱情是如此，生活中的很多事情都是同样的道理。任何时候，只要能腰杆挺直地站立，我们就一定不能卑躬屈膝。人活着，就是活个精气神，一旦精神的大厦坍塌，一切就都失去了根基。

天无绝人之路，只要你的心中有希望的火种

人生说长也长，说短也就是弹指一挥间。很多时候，我们拼尽全力，想要最好的结果，却偏偏事与愿违，面对着最糟糕的困境和窘境。在这种情况下，如果再没有人愿意对你伸出援手，简直是绝望了。然而，绝望只能是一瞬间的事情。正如一位百岁老人说的，人生就是熬，只要活着，就没有过不去的坎。看看吧，不管环境多么恶劣，曾经饱经世事沧桑的老人却一语道破天机。的确，人生不会无路可走的。即使真的没有路了，只要我们心中怀着希望的火

种，不顾一切地披荆斩棘，也能砍出一条路来。

希望是什么？希望是我们心中的火种，是帮助我们披荆斩棘、遍尝辛苦也不放弃的动力源泉。不管在什么情况下，只要我们心中还有希望，就不会倒下来。就像海明威在《老人与海》中所说的，一个人你尽可以打败他，但就是不能使他倒下。活着，就需要这样的劲头，才能坦然面对风雨坎坷，永不放弃。

大学毕业后，大可开始了求职生涯。他原本是学习酒店管理的，然而受2008年金融危机的影响，酒店相继倒闭，勉强维持的也都效益平平，根本不需要招聘新员工。为此，大可投递到高档酒店的简历都如同石沉大海，再也没有了音信。

面对如此严峻的就业形势，已经毕业半年的大可有些按捺不住了。毕业以来，他一直都在靠父母的支援生存，再加上每天找工作东奔西跑的，花销非常大。就连从不抱怨的父母，也忍不住嘀咕："人家大学毕业都是往家里拿钱，怎么你这反而越要越多了呢？"在感到绝望之余，大可日渐消沉。一次，在和一名小学同学通过电话之后，大可在他的启发下突然就开窍了。面对大可说大学毕业也找不到工作的抱怨，小学同学不以为然地说："你们大学生啊就是想得太多，连我这种高中没毕业的人都能找到工作，你怎么可能找不到工作呢？要是你像我一样工作差点儿也干，你早就就业啦！"同学的话一语惊醒梦中人，大可再也不想张嘴向农村土里刨生活的父母要钱了。为此，他改变思路，居然应聘去物业公司上班了。

所谓物业公司，其实就是为固定业主服务的酒店管理。大可入职之后，居然举一反三地把自己学习的酒店管理知识运用到物业管理上，效果非常好。就这样，大可优秀的表现被经理看在眼里，在一年以后，他就因为赏识大可，提升大可担任办公室主任。如今的大可，工作做得风生水起，再也不用张嘴朝父母要钱啦。相反，升职之后他的薪资待遇也水涨船高，现在的他每个月都给家里的父母寄钱呢！

这个事例中，大可刚开始找工作时思维受到局限，因而屡屡碰壁。在和小学同学通话之中，他的心中马上燃起了希望：专业不对口的工作，也可以做啊，总要先生存下来才行。后来，他幸运地找到物业的工作，居然因为曾经学过酒店管理，成为物业公司里炙手可热的管理人才。不得不说，只要心中有希望，我们就一定能走出属于自己的一条坦途。

人生总是这样，不可能事事尽如人意。唯有心中怀着希望，兵来将挡，水来土掩，顺势而为，我们才能更加从容地走在人生之路上。成功永远都不是一种模式，我们要做的就是找到属于自己的那一种。

第05章　不需要害怕，用淡定的心与敏感对抗

当敏感成为纠缠我们的噩梦，我们不但无法原谅别人，更无法原谅自己。消除敏感的唯一方式就是怀有一颗淡定平和的心，当你足够宽容和理解他人与自己，你就获得了心灵的释放。我们总是告诫自己要怀着同情的心对待他人，其实更应该对自己深怀同情。自我同情就像是一颗种子，带给我们的心田无限的阴凉遮蔽。

付出时，没有人能够准确地预料结局

在小学阶段，我们就曾经听过一句话，叫“种瓜得瓜，种豆得豆”。这句话的表面意思告诉我们，你必须播种才有收获，而且你种下什么就将会得到什么。那么，我们真的能够做到种瓜得瓜，种豆得豆吗？现实情况是，很多时候我们明明付出了很多，却并没有得到回报，或者说没有得到预期的回报。不要觉得沮丧悲观，因为这恰恰就是生活的实情。你付出了，也未必能够得到。但是，你如果不付出，就是一定得不到。事实上，我们很多时候之所以付出，并非因为预见了收获。生活并非简单的一加一等于二，我们付出的初衷也各种各样。就以父母对子女的付出为例，那是一种简单纯粹、不求任何回报的付出。再以爱情为例，当两个人两情相悦时，一定是乐于为对方付出的。然而，如果两个人有缘无分，那么很有可能付出也没有任何回报，反而会遭到拒绝。总而言之，付出时，没有人能够准确地预料到结局。就算是精确计算的投资行为，也不一定能够得到预期的收益吧，更何况是感情呢！

生活中，很多人因为自己辛苦地付出却得不到回报而懊恼，殊不知，如果你能够摆正心态，做到坦然面对任何结局，那么你也许会得到意外的惊喜。有句话很有道理，即希望越大，失望越大。当我们在付出的时候就给予了奢望，一旦没有得到预期的回报，必然会觉得非常遗憾。相反，如果我们在付出的时候并不奢求，那么即使只有很少的收获，也会觉得万分欣喜。这就是对待生活的态度不同导致的截然不同的心境。永远不要因为事情没有朝着你的预期发展而烦恼，因为世界上没有人能够准确地预料结局。

自从大学毕业后，肖楚爱就留在了读大学的城市工作和生活。独在异乡为异客，她常常在节日里觉得孤独寂寞。后来，她渐渐地留心到单位里的男同事马磊非常优秀，不但人长得高高大大，英俊帅气，而且工作也非常认真努力，虽然只比肖楚爱早一年进入公司，但是他已经是一名中层管理者了。

自从芳心暗许，肖楚爱自然更加关注马磊。每天中午吃饭，她都情不自禁地想与马磊坐在一起。有一次，在无意间得知马磊喜欢吃红烧肉之后，她还特意跟着菜谱学做了海派红烧肉带到食堂里，给马磊吃呢！不过，马磊似乎并不喜欢肖楚爱。每当看到肖楚爱关切和爱慕的眼神，马磊总是刻意躲避。不过，肖楚爱很固执，她总觉得自己只要坚持付出，就一定会收获马磊的回应。然而，在肖楚爱又一次当着同事们的面给马磊带了星巴克的咖啡之后，马磊毫不掩饰地说："谢谢，不过我不需要。"马磊如此态度明确的拒绝，让肖楚爱觉得很难堪。她突然委屈地哭了起来，给马磊发微信问："你为什么不喜欢我？我哪里做得不好？"马磊坦诚地说："你很好，但不是我喜欢的类型。我想，爱情是你情我愿的，我们都不要勉强彼此。"肖楚爱突然很不平衡："既然如此，为什么你上次吃我做的红烧肉，还经常与我打招呼？"马磊无奈地说："我以为我们只是普通的同事关系。但在如今刚刚体会到你的心意之际，我就马上明确拒绝了。"肖楚爱深受打击，请了好几天假窝在家里。后来，她把这件事情告诉了好朋友，好朋友不以为然地说："这你可怪不着别人。归根结底，一切付出都是你心甘情愿的。而且，爱情不就是如此么，单相思注定要一方付出。你呀，还是不要难受啦，找个与你两情相悦的人恋爱就好喽！”在好朋友的开导下，肖楚爱渐渐从死胡同里走出来，也不觉得自己付出很多了。

在这个事例中，肖楚爱单相思地暗恋马磊。在误以为双方只是同事关系时，马磊并没有拒绝。而当肖楚爱清楚地表达不同寻常的关切和爱意时，马磊则当即表示拒绝。对于这样的结果，才是真正对爱情负责的态度。然而，肖楚爱却因为自己一厢情愿地付出，感到愤愤不平。幸好好朋友的话让她钻出死胡同，她才意识到爱情的付出未必是有回报的，尤其是单相思。因此，她调整好心态，迎接崭新的生活。

生活中，我们常常遇到事与愿违的情况。的确，没有人能够准确地预知结果。任何事情，我们只要想好了，就应该做到无怨无悔地付出。至于结果如何，则是尽人力而听天命的事情，只要问心无愧就好。

实际上，工作的一切辛苦都是你的成长

在职场上，每个人都难免遇到困难和发展的瓶颈，也时常会遭遇难度很大的挑战。面对这些接踵而至或者是不期而至的挑战，我们时常会抱怨，觉得自己付出了很多，简直无法继续承受。其实，人的潜力是无限的。很多时候，我们自以为已经精疲力竭、无能为力，但是只要继续坚持下去，就会等到事情出现转机的那一刻。既然如此，我们为何不最大限度地激发自己的潜能呢？唯有如此，才能顺利发展事业。

记得有位母亲曾经这样教育大学毕业之后即将走上工作岗位的孩子：“等到了单位，千万要把眼睛放得活络一些，脏活累活地都要抢着干。你要知道，

人是不会被累死的，力气也是用不完的。不管能力高低，多干些活儿总是没错的。”这位母亲，教会了孩子最富于哲理性的工作之道。现代职场，很多工作都划分明确，责权明确，这样就直接导致很多职员都采取明哲保身的态度对待工作，真正做到各扫门前雪。有的时候，尽管上司特意交代了一项特殊或者重要的任务给他们，他们也会因为不在自己的职权范围内，心不甘情不愿地完成。如此一来，工作勉为其难地进行，又怎么能做好呢？工作做不好，导致无法给上司留下好印象，前程自然受阻。如此一来，事情进入恶性循环之中。

其实，现代社会讲究活到老，学到老。知识更新的速度如此之快，也要求我们必须始终保持学习的状态，才能跟得上时代的脚步。因此，对于任何一个职场人士而言，都不要拒绝辛苦的工作。除非，这项工作的确超出你的能力范围，你无法胜任。否则，多做一些工作，不但能够上司留下好印象，也能帮助自己在工作的过程中拓宽眼界，提升能力，何乐不为呢！正如母亲所说的，不要吝惜力气。实际上，随着人生阅历的丰富你会发现，一切工作的辛苦都能促进你的成长，都对于你未来职业生涯的发展起到或大或小的作用。

在读大学期间，静静曾经主动要求担任学校文学社的编辑。当时，正在读专科的静静同时也在自学本科，每个学期都会选择自修几门课程。原本，静静的学习压力已经很大了，但是在文学社的老师面向学校里文笔比较好的同学们发出号召，寻求志愿者编辑时，静静依然毫不犹豫地报了名。

成为文学社的编辑之后，静静每个星期都要抽出两个晚上的晚自习时间给同学们的投稿进行审核。刚开始，经过静静审核之后的稿件依然会有些小问题。后来，负责文学社工作的王老师手把手地教这些志愿编辑们，不但让他们学会专业编辑使用的修改标志，而且帮助他们认真细致地审核稿件。渐渐地，静静真的如同一名编辑那样工作了。眼看着几年的大学学习生涯结束，静静原本是师范专业的，但是却参加了报社的统一招聘考试，进入报社工作。同学们纷纷羡慕不已，静静却笑着说：“我只是因为有了文学社编辑工作的经验，所以才能顺利通过考试。”

在这个事例中，静静在长达两年多的时间里，每个星期都抽出两个晚上的时间义务给同学们看稿子，看似付出了很多，实际上她也学到和收获了很多。在大多数同学找工作都局限于学校时，她却让人羡慕地顺利考入报社，成为编辑和记者。如此难得的工作机会，的确是让人心生羡慕。这一切，都是因为静静在担任文学社编辑时毫不吝惜自己的力气，努力辛苦地付出，最终得到了喜出望外的回报。

对待工作，不管你是在校大学生，还是已经走入职场的毕业生，或者是职场上经验丰富的老鸟，都要认真努力，乐于付出。任何工作的辛苦，都将会为我们快速地成长和成熟奠定基础，这一点永远不会改变。如果你想学习，如果你想进步，如果你想成为职场上更加璀璨的新星，就必须坚持付出、付出、再付出。很多人都不愿意吃亏，觉得多做一些工作或者做别人都不想做的难度大的工作是吃亏，实际上，这是莫大的收获，必将给你的职业生涯带来喜出望外的惊喜。

唯有淡然的心境，才能助你坦然拥抱人生

人的感情复杂而又微妙，其中对人生产生最大负面影响的感情无疑是恐惧。发自心底的恐惧，往往让我们裹足不前。尤其是在危难时刻，极度的恐惧甚至会夺走我们的生命。曾经，有个工人在晚上下班时不小心被其他同事所在冷库中。他恐惧极了，声嘶力竭地喊叫着，因为他很清楚自己无法抵挡住冷库中零下二十五度的温度。在喊了很久都无人应答之后，他彻底绝望了，陷入恐惧的泥沼，无法挣脱出来。他那么害怕，瑟瑟发抖，不停地用头撞击冷库的

门。次日清晨，来上班的同事打开冷库大门，发现他已经冻死在门旁。让同事们都百思不得其解的是，冷库当天并没有通电，温度是18度。虽然不够温暖，但是绝对不会把人冻死。然而，在尸体解剖之后，他们发现他死亡的表现和冻死的一模一样。最终，心理学家得出结论：他是被自己心里的寒冷冻死的。

从这个故事中不难看出，人的恐惧心理会产生多么大的力量，甚至能在18度的室温下把一个好好的人冻死。这就是心境。面对绝境时，这个工人没有努力积极地寻找逃生的办法，而是在极度的恐惧下失去理智，失去正常的判断力，最终自己把自己冻死。倘若当时能够更加积极乐观一些，也就不至于失去清醒的头脑，从而有可能避免悲剧的发生。不管什么时候，我们只有拥有淡然的心境，才能从容地面对发生的一切事情。

当然，很多恐惧并非是出于自身。生活中的很多时候，我们也会对外界的人和事物感到恐惧。其实，一切都没有那么可怕，只要我们怀着一颗慈爱的心，那么我们不但能够坦然面对他人，更能坦然面对自己的内心，从而坦然拥抱人生。

一个盲人每天晚上都要外出散步。他住在三楼，不管走廊里的灯光多么明亮，他都只能摸索着下楼。让邻居感到百思不得其解的是，这位盲人每次下楼散步，都会提着一盏灯。终于有一天，邻居不解地问："你的眼睛根本看不见，你为什么每次都要提着一盏灯去散步呢？"盲人笑了，说："虽然我的眼睛看不见，但是我的灯却能为需要的人照亮前方的道路。而且，因为我打着灯，人们也能够从老远的地方看到我，从而避免撞到我的身上。如此一来，岂不是一举两得吗？"听到盲人的话，邻居羞愧不已。

虽然盲人的眼睛看不到了，但是他的心是非常清楚和明亮的。尽管打着灯并不能为自己照亮前行的路，却帮助了很多视力良好的人夜行安全。而且，也因为这份慈爱，让盲人在走夜路的时候更多了一份心安，因为他的爱帮助人们早早地就看清楚他的位置，避免对他的伤害。这就是慈爱的力量。

作为正常人，如果让你蒙着眼睛走在黑夜里，你一定会非常害怕，甚至止步不前。然而，如果你也能像事例中的盲人一样心怀大爱，处处仁慈，那么你就会消除心中的恐惧感，坦然面对未知的人生之路。不管什么时候，事情一旦发生就无法改变。作为站立于天地之间的人，我们必须足够勇敢，充满慈爱，才能更加坚定前行。

当你陷入痛苦的泥沼，最好的办法就是自我拥抱

我们常常想着拥抱他人，却很少想到自己也需要拥抱。那么，如果没有他人给予你宽容有爱的拥抱，不如自己拥抱自己吧！尤其是当被痛苦纠缠时，一味地自我放逐只会让我们更加无法自拔，唯有自我拥抱，才能帮助我们走出生命的泥沼，重新站立起来。

在不同的情境下，人们往往拥有很多种状态。例如，人在躲避危险的时候，或者选择直接面对，或者选择像鸵鸟一样藏起来。再如，人在高兴的时候，或者肆无忌惮地狂笑不止，或者抿着嘴巴暗暗窃喜。这些，都是众生百态，也是人生常态。那么，当你面对痛苦时，会采取怎样的姿态呢？很多人选择独自躲藏，舔舐痛苦。很多人选择倾诉，和遇到的每一个人倾诉，恨不得把痛苦像苦水一样倒出去。然而，独自一个人默默承受痛苦，会使痛苦加倍。逢人就诉说的倾诉方式，最终会让你像祥林嫂一样，让大家都对你避之不及。其实，要想缓解痛苦，除了倾诉之外，还有一个很好的方式，就是自我拥抱。

很多情况下，过于激烈的情绪会让我们失去知觉，即不自觉地陷入麻木的状态。因而面对痛苦，最好的办法就是同情自我，拥抱自我。只有自己才是最了解自己的人，你当然知道怎样的抚慰才能帮助你摆脱痛苦的纠缠。适当的

自我觉醒，能够帮助我们恢复清醒和理智，也使我们更加客观地审视自身的痛苦。与其强烈地对抗痛苦，不如坦然地接受痛苦，不抗拒、不逃避，坦然顺从地接受。这的确很难，但是我们必须去做。当你敞开怀抱拥抱自己和自己的痛苦，你就获得了内心的安宁。痛苦有什么可怕的呢？人生的一切体验，都是生命的馈赠。如果无喜也无悲，如同行尸走肉般地活着，人生还有什么意义呢？想清楚这一点，即使你无法做到对痛苦甘之如饴，也能更加从容淡定。如果在刚开始的时候做不到心静如水，不如多多采取静坐冥想的方式。其实，人生的很多悲喜苦乐都是一念间的事情，当你学会放下，情绪自然不会那么激动。

在皮皮刚刚去世的那段时间，喵喵简直痛不欲生。对于挚爱的人突然离世，想必没有人能够坦然以对吧。看着家里曾经一起吃饭的餐桌，一起挂在墙上的壁画，一起买回家里的沙发，总而言之，任何东西都让喵喵睹物思情，心痛得恨不得马上死去。她告诉自己不要再去想，告诉自己开始学会一个人生活，然而似乎全身的每一个神经和细胞都在对她发出抗议，与她对抗。在经历了无数个不眠之夜后，喵喵才渐渐恢复平静。

如今的她，当然没有忘记挚爱的丈夫。不过，她不再对抗痛苦，而是学着拥抱自己。夜晚难以入眠的时刻，她穿着丈夫的衣服坐在他们一起买来的沙发里，感受着丈夫点点滴滴的温暖。吃饭的时候，她依然会做丈夫最喜欢吃的菜，代替丈夫品尝和享用。她不想再违背自己的心意，强迫自己忘记丈夫，而是学会顺从自己的心意，发自内心地拥抱自己，也拥抱痛苦。渐渐地，她学会与痛苦共生，甚至习惯了痛苦的存在。如此一段时间之后，喵喵从痛苦中彻底走了出来，再次积极阳光地面对生活。

对待痛苦，你越是与其对抗，痛苦就更加刻骨铭心。只有努力地包容痛苦，拥抱自己，你才能学会习惯痛苦，最终淡忘痛苦。人在一生之中，总是要面对各种各样痛苦的时刻。唯有学会与痛苦共生，包容和接纳痛苦，你对待痛苦的心才不会那么敏感，你也才能感受到生命真正的乐趣。

有些神奇的话，充满抚慰创伤的能量

世界上最美妙动听的话有哪些？“别怕”“有我在”“放心吧”“别担心”“我爱你”“交给我”等，这些话都是安抚他人的话，也往往能够起到很好的效果。那么，有没有什么话是说给自己听的呢？很多时候，我们都要独自面对创伤，必须自己安抚自己，才能恢复心灵的平静。当你感到无助痛苦的时候，不如告诉自己“祝我幸福安康”“祝我平安喜乐”“祝我健康快乐”“祝我舒适安闲”等。这些话才是对自己的祝福语，能够给我们痛苦的心带来莫大的安慰。当受到创伤的时候，如果你能真心诚意地对自己说这些话，则你一定能尽快抚平自己的心灵。

人活着，本身就是很艰难的。面对人世间无数的坎坷挫折，唯有摆正心态，才能静看花开花落。面对荣辱得失，很多人都无法保持平静。尤其是当生命遭遇命运的捉弄，一切则变得更加跌宕起伏。为了让自己活得更开心快乐、淡定平和，不如从现在开始就学会说这些神奇的话，因为它们拥有神奇的力量。语言就是如此神奇，一个人骨折之后，断开的尖锐的骨头接口会在几个月的时间里长出新的骨头，但是语言带给人的创伤却会让人铭记终生。既然如此，我们为何不说些积极乐观的话呢，千万不要为了图一时的口舌之快，给心灵留下难以磨灭的伤痕。力的作用总是相互的，在恶言恶语给他人带来创伤时，温暖的话语也会给他人带来正向的能量。因此，我们应该经常说些神奇的话语，给自己增加能量。

玛丽自从和安卓结婚之后，一直以来生活都很拮据。安卓是个行政文员，本没有一技之长，因而薪水也很低。也许是被爱情冲昏了头脑，从小在富裕家庭中长大的玛丽，丝毫不在乎安卓的贫穷。然而，婚姻生活是现实而又残酷的，玛丽过着捉襟见肘的生活，越来越心力憔悴。终于，在第二个孩子出生没多久，又恰逢安卓失业，玛丽突然间就患了失语症。

对于玛丽的症状，医生在检查了好几次之后，都没有查出明确的病因。而在了解玛丽的生活情况和精神状况后，医生得出结论：“自闭导致的失语。”沉默的玛丽越发着急了，她不知道如何表达自己，也因此而导致家庭原本就困难的情况雪上加霜。为此，安卓不得不带着玛丽去看心理医生，心理医生确定玛丽就是因为焦灼，所以导致失语的。为此，心理医生柔声对玛丽说：“我知道，你能听得见，也知道，你一定可以说出来。既然你不想说，那么就从现在开始努力地告诉自己‘一切都会过去的，一切都会好转的’。只要你坚持这么告诉自己，缓解紧张焦虑的情绪，就一定会恢复健康和快乐。相信我，不管生活中遇到怎样的困难，都会过去的。”在心理医生的安抚下，玛丽每天都在心里默默地告诉自己，一切都会好的。时间长了，她居然能够发出声音，最终恢复了语言表达能力。此时此刻，安卓也重新找到了工作。看着幸福的一家人，玛丽的健康状况越来越好了。

当面对痛苦时，我们必须首先安抚自己，然后才有可能帮助他人。任何时候，只有自己变得坚强乐观，才能更好地处理和解决问题。在现代社会，生存的压力越来越大，每个人都面临着更严峻的生存形势。无论情况多么糟糕，我们都应该掌握一些神奇的话，常常说来安抚自己，抚平创伤。

当你陷入绝境，你才能变成火眼金睛

在平步青云的时候，我们的身边总是围绕着很多酒肉朋友。他们簇拥在我们身边耀武扬威，弄得我们已经不知道是自己借助于他们的威风，还是他们借助于我们的威风。总而言之，不管自己走到哪里，身边都是热热闹闹的一群人，看起来威风十足。然而，我们如何分辨这些人是真朋友还是假朋友呢？在平安的日子里当然无从分辨，因为每个人都穿着虚伪的外衣。那么，一旦你遭遇命运的捉弄，或者倾家荡产，或者名声扫地，他们还有几个人能依然坚持留在你的身边呢？虽然命运陷入绝境有很多的不好之处，然而，唯一确定的好处是患难见真情。面对平日里真真假假不分的朋友，也只有在绝境中你才能看到他们的真心。

现代社会人情越来越淡漠，很多人可以在一起同甘，而不能在一起共苦。面对这样的无情，你是难以接受，还是坦然面对？其实，无论你采取何种态度面对，都无法改变结局。正是一次次在被朋友背弃的过程中，我们更加练达人情，也更懂得珍惜真正的朋友。

在事业风生水起的时候，马玉拥有几十家连锁超市。那个时候，他就像黑社会中的大哥大一样，身边簇拥着无数的小兄弟、崇拜者。不管走到哪里，都是威风的一群人，而马玉永远是人群的中心。然而，好日子总是不长久，因为从不谋求图变。在电商以迅雷不及掩耳之势迅速占领零售市场之后，很多超市的日子都难过起来。电商没有实体店，全在网络上销售，只需要付出成本极低的快递费用。和电商相比，作为传统超市产业，马玉不但要支付大量的员工工资，更重要的是还要支持高昂的仓库费用和店面成本。为此，马玉的超市也和大多数超市一样在一夜之间受到电商的强烈冲击。尤其是电商以超低的成本进行降价促销时，马玉的超市更是回天乏力。

眼看着超市的生意越来越惨淡，马玉接连关闭了好几家超市。看到马玉的事业日落西山，那些曾经围绕在他身边的朋友们一个个悄然淡去，很少再来找马玉一起吃饭喝酒了。唯独还有一个朋友守在马玉身边为他出谋划策，那就是张正。张正是马玉从小玩到大的朋友，在马玉的事业如日中天时，他其实并没有和马玉过多交往。反而在马玉遭遇困境时，他不离不弃。他给马玉提出建议："对于很多老人而言，他们都不懂得网购。你的超市大部分是在社区中心位置，我觉得你可以开展为老人送货上门的服务，这样一定能够稳定一部分老客户。”马玉觉得张正说得很有道理，因而马上采纳了张正的意见，及时调整经营思路。经过几个月的艰难摸索，这才转亏为盈。至此，马玉虽然死里逃生，心有余悸，但是他很清楚地意识到：曾经在一起酒肉的狐朋狗友全都树倒猢狲散了，唯独张正是他的真朋友。

一次经营中遇到的危机，让原本自我感觉良好的马玉恢复了清醒和理智，意识到谁才是自己身边的真朋友。事实就是如此残酷，享福的日子和谁在一起都会很开心，唯有遭遇困境时肯守在你身边不离不弃的人，才是你的真朋友。

谁说困境就一定会带来苦难，困境也能帮助我们修炼出火眼金睛。从现在开始，我们必须更加用心地对待朋友，不要辜负朋友的真心真意。

淡定从容的内心，助你坦然面对人生的风雨

人人都说要淡定从容，更有很多人把“宠辱不惊，闲看庭前花开花落；去留无意，漫随天外云卷云舒”当成座右铭。然而，淡定二字说起来轻轻松松，但是真正做起来却难而又难。淡定从容绝对不仅是一句口号，而是一种实实在在的心态。要想真正做到淡定从容，不修炼自己的内心是不可能实现的。举个最简单的例子，面对孩子的故意淘气，你能做到心平气和、不恼不怒吗？面对同事之间的勾心斗角，故意设计陷害，你能做到毫不在乎吗？面对亲人手足之间为了金钱和利益而反目成仇，你能不痛心吗？面对这些生活的不如意，我们常常会抱怨。然而，我们忘记了，这些生活的不如意都是常态，并非命运特别的赐予。

正如人们常说的，人生不如意十之八九。每个人的人生都不可能始终一

帆风顺。尤其是现代社会，生存的压力也越来越大，工作的节奏也越来越快，每个人恨不得生出三头六臂来，才能应付得来。面对这一切，我们如何做到淡定从容呢？要想真正地淡定从容，首先要怀有感恩之心。一个满心都是抱怨的人，是不可能做到淡定从容的。唯有怀着感恩和慈爱之心，对于任何坎坷挫折都坦然接受，不那么敏感和焦虑，才有可能真正心平气和。而心平气和，只是淡定从容的第一步。

就像一首歌里唱的，不经历风雨怎能见彩虹。的确，每次彩虹出现必然是在经历风雨之后，人生的规律也如同这自然界一样。一切的甘甜，都是因为有了辛苦的衬托；一切的美好，都是因为有了丑陋的存在。人生要想收获，也必然是在付出之后，才能品尝到收获的快乐。淡定从容的内心，才能让你在经历风雨时始终满怀期望。

这次评选职称，原本各方面条件已经没有任何问题的詹老师，再次落选了。不得不说，詹老师的确很倒霉。前些年，他因为那些老教师都没有退休，因而一等再等。现在，他好不容易资历等都够条件了，单位却突然改革了评选条件，要让年轻的后起之秀先上。

面对这样的待遇，很多老师都为詹老师打抱不平，然而詹老师却以平常心说道："没关系。不管是否是副教授，我不都照样给学生传道授业解惑吗。我在乎的是自己对于学生的价值，而不是那个职称。"对于詹老师的自我安慰之词，很多老师表示钦佩，也有一些老师觉得他是在伪装自己。然而，伪装只能一时，不可能一世。没有评上副教授职场的詹老师，依然辛辛苦苦地备课，勤勤恳恳地站在三尺讲台上授课。一年的学习结束时，学校发起了评选"最受学生欢迎老师"的活动，詹老师赫然名列榜单。对此，詹老师由衷地感到欣慰："学生的认可，就是对我最大的肯定。"就这样，年过半百的詹老师依然与副教授职称无缘，但是这丝毫不影响他快乐地与学生们在一起。

詹老师的淡定从容，是真正的淡定从容。面对大多数人都斤斤计较的职称，尤其是在和工资待遇等挂钩之后，有几个人都能像詹老师这样淡定从容呢？正因为有着良好的心态，詹老师才能一如既往地在三尺讲台上向学生们倾心付出。学生们的眼睛是雪亮的，他们最终给了詹老师至高无上的荣誉。

人生，对于任何人而言，都不可能永远顺遂如意。尤其是当遭遇坎坷和挫折时，淡定从容就显得尤为重要。只有以一颗强大的心面对多变的世事，才可能“宠辱不惊，闲看庭前花开花落；去留无意，漫随天外云卷云舒”。

第06章　要接纳自己，在痛苦中积极寻求改变

很多人在面对不满意的自己时，恨不得能够打破一个旧的世界，再创造一个新的世界。殊不知，人生一路一步一步地走来，现在的每一步之前的任何一步，都奠定了现在这一步的基础。我们无法完全否定自己的历史，只有在尊重过往的基础上，才能让自己变得更加成熟完美。

成功，就是失败之后的第1001次尝试

“不经历风雨，怎能见彩虹，没有人能随随便便成功。”相信这首歌很多人都曾经挂在嘴边，然而，尽管大家都明白其中的道理，却并不知道成功的确要在无数次失败之后。爱迪生发明电灯，进行了成百上千次试验，尝试了无数种材料，历时长久，才最终找到灯丝的最佳材料。这份成功，给整个世界都带来了光明，当然引人瞩目。然而，这份坚持与付出，却让人不得不钦佩。在我们羡慕爱迪生的成功时，也应该想到自己，尽管我们自身并不一定能够成为伟人，但是作为平凡的普通人，我们也依然渴望着属于自己的成功。既然如此，我们就没有理由在失败之中一蹶不振，更不能在一次失败之后就彻底放弃。从某种意义上来说，成功距离失败只有一步之遥，即你也不知道自己会在哪次失败之后就突然茅塞顿开，获得成功。既然如此，我们唯一能做的就是坚持不懈，持之以恒。

很多人在通往成功的路上都很坚持，即使面对失败也面无惧色，依然再接再厉。然而，却在即将柳暗花明的时候选择了放弃，不得不让人心生遗憾。

其实，世界上没有任何事情是一帆风顺的，更没有任何能一蹴而就的成功。对于成功之后光彩夺目的渴望，让我们在一瞬间鼓起勇气。然而，只有坚持再坚持，即使面对1000次失败，也要坚定不移地进行第1001次尝试，才能越来越靠近成功。

对于爱情，小米已经失望了无数次。小米的男朋友是同村的李强，李强身强体壮，一看就是个棒劳力。但是，李强脾气不好，在和小米在一起时，总是对小米颐指气使。为此，小米觉得很痛苦。她想分手，但是她和李强和同村，彼此的父母也都见过面了。然而，小米不想这么痛苦地生活一辈子。思来想去，尽管父母都不同意，小米还是勇敢地提出了分手。对此，李强蛮横地说："你等着吧，这辈子你也别想结婚。"看到李强蛮不讲理的样子，小米无怨无悔地说："即使一辈子不结婚，我也不愿意嫁给你。"

后来，小米又经过媒人的介绍相亲，然而，不管她与谁相亲，李强及其家人都会故意捣乱，导致小米相亲总是不能成功。眼见着小米已经28岁了，在农村算是大龄女青年，小米的父母不由得着急起来。他们对小米说："不要再挑剔了，随便找个人嫁了吧。要是等到三十岁，你就再也找不到合适的对象了。"对于父母的话，小米不以为然："结婚是一辈子的大事，这次我一定要找一个合适的人。"又经过两年的等待，在这两年里，小米依然继续相亲，却从不着急。终于，在初中同学的介绍下，她认识了邻村的一位青年。这次，小米的相亲很顺利，恋爱也很顺利。看到男朋友从未问过她从前的事情，小米困惑地问："难道你不想知道我的过去吗？你不在乎吗？"男朋友笑着说："没有你的过去，你一定不能成为今天的你。所以，不管你的过去是怎样的，我都要感谢你的过去。"听到男朋友的话，小米觉得自己简直是天底下最幸福的女人。

对于爱情，很多人在经历挫折和失败之后，对于爱情，甚至包括人生，都产生了莫大的怀疑，甚至不再抱有任何希望。其实，正如西方的传说里所说的那样，男人和女人本来就是一体的。因此，在被上帝用枝条蘸上泥浆甩到人世间之后，男人和女人开始彼此寻找。当原本是一体的男人与女人相遇，那就是一见钟情、天造地设。遗憾的是，人世间熙熙攘攘，很多时候男人和女人并不能顺利地找到彼此。那些轻易放弃的人，就稀里糊涂地找到一个不匹配的异性凑合着过一辈子。只有坚持不懈寻找的人，才能找到与自己最合拍的另一半。

小米虽然只是一个农村的女孩子，也没有受过多么高深的教育，但是她很明白一个浅显的道理，即婚姻是大事，必须坚持不懈地寻找那个最合适的人出现。哪怕需要经历漫长的等待，或者经历无数次失败，都不能轻易放弃。人生的很多事情都是如此，尤其是成功。对于每个人所渴望的东西，为了让人们学会珍惜，命运一定不会轻易地把你带到它们的身边。只有在经历无数的坎坷挫折之后依然坚持不懈、不离不弃的人，才能获得命运的宠爱。

什么是自我同情，它如何帮助你摆脱迷茫

人在漫长的一生中总不是一帆风顺，甚至会遭遇难以承受的坎坷和挫折。在这种情况下，坚强的人会继续努力，永不放弃，然而当打击接踵而至，我们难免会觉得迷茫。面对着充满困惑的人生，我们应该怎么办呢？也许有人会说，当然要摆脱迷茫。就像是夜航的船一样，必须看到灯塔，才能扬帆破浪，继续前进。如果说希望就是人生的灯塔，那么我们必须牢记心中的希望，永远点燃希望之火。那么，只有希望，也并非能够如愿以偿。最重要的是我们要在犹豫和纠结之中，摆正心态，淡定自若。

尽管只有简单的四个字——淡定自若，却是人生至高无上的境界。要想做

到淡定自若，我们不但要坦然面对人生的各种际遇，也要怀着真心迎接生命赠与的各种磨难。在感到绝望或者深陷痛苦之中时，如果你很迷茫，不知道如何面对未知的前途和未卜的命运，不如同情自己吧。很多人在面对绝境时，总会失去理智，自暴自弃。殊不知，一切绝境面对你心中的希望和清醒的理智，最终都会落荒而逃。

自我同情是心理疗法的一种，有三个阶段，即迷恋、幻灭和接受。所谓迷恋，只是全身心投入地想象那些美好的事情。以最简单的失眠为例，如果你不是与失眠对抗，而是利用睡不着的时间顺着思绪，想些让自己开心的事情，那么就能极大程度地缓解你的紧张和焦虑，甚至帮助获得美妙的睡眠。不过，迷恋只能缓解症状，使一切看起来没有那么糟糕而已。随着时间的流逝、迷恋的作用会没有那么明显，要想彻底地解决心理问题，这时就需要彻底幻灭。心理学家认为，一切心理学技巧最终都会在潜意识的强大力量下失去效力。要想获得长久的愉悦，我们必须彻底放弃这短暂的愉悦，也不再进行任何努力想要得到这种愉悦。由此可见，迷恋只能暂时缓解症状，真正有效的方法，是在幻灭之后，发自内心地接受。不管是失眠，还是焦虑，或者是无法逃避的痛苦，唯有发自内心地接受它们，你才能真正做到与其共生，从而将其彻底消融。

豆豆是个非常容易紧张和焦虑的女孩，她对人戒备心理很强，充满攻击性，这导致她的人际关系紧张而又恶劣。早在读大学时期，豆豆和同学们之间就交往不多。不过因为是在学校里，这对她正常的学习生活并没有太大的影响。然而，在大学毕业走入工作岗位之后，豆豆深受其苦。因为警惕其他同事，对同事充满攻击心理，所以豆豆和同事们的关系异常紧张，她的工作也受到很大的影响。众所周知，现代社会的很多工作都需要同事们之间彼此配合，如果不能与同事友好相处，无形中就给自己的工作树立了高高的墙壁，导致无法与同事和谐地配合。

眼看着豆豆已经进入公司五年多了，与她一起进入公司的同事们有很多都已经升职，豆豆却依然在最初进入公司的岗位上，做着最底层的工作。豆豆其实很清楚自己的人际关系有问题，只是不知道如何改进。为此，她咨询心理医生。在心理医生的催眠下，豆豆在潜意识里说出了自己心中一直以来的痛苦。原来，豆豆的爸爸特别喜欢喝酒，经常喝得大醉归家，不是打妈妈，就是骂豆豆。这给年幼的豆豆心中留下了永久的创伤。试想，对于一个尚且不能保护自己的孩子而言，她最信任的爸爸却总是伤害她和至亲至爱的妈妈，这对孩子稚嫩的心理是多么严重的伤害啊！得知豆豆的病根，心理医生告诉醒来的豆豆："你小时候经历的一切不愉快都已经结束了。现在你不需要依附于任何人，而且也没有人能够伤害你。你应该学会敞开胸怀接纳他人，相信他人，你一定会有惊喜的发现。虽然你从来不谈起小时候的事情，但是你的心里从未忘记这些事情。我觉得你没事的时候可以想想小时候的事情，我认为你的父亲之所以那么嗜酒如命，肯定是有原因的，你要学着谅解他。"在心理医生的指导下，豆豆承认父亲的酗酒给她的童年留下了严重的阴影，甚至影响了她的一生。她也决定按照心理医生说的，不逃避，而是接受。

回家之后，豆豆和年迈的母亲谈起小时候的事情，母亲感慨地说："其实，你爸爸是个很好的人。那段时间，他因为工作上不顺利，又加上爷爷奶奶身患重病，因此压力很大。他是个男人，是支撑家庭的人，又不能退缩，因而总是喝酒，发泄情绪。真没想到这一切会给你的心理留下这么严重的阴影，豆豆，你要相信爸爸是爱你的。"妈妈的话，让已经长大成人的豆豆瞬间理解了父亲。的确，作为一个人支撑起全家的生活，不但要赡养老人，还要负责养育孩子，想想就很可怕。在谅解了父亲之后，豆豆心里突然间豁然开朗。她的性格也随之发生了改变，不再怀疑他人，而是像一个备受父亲宠爱的小女孩那样，快乐地面对生活。

在这个事例中，豆豆之所以对人心怀戒备，是因为童年时期父亲酗酒。对此，心理医生在了解她的心结之后，劝说她不要再逃避，而是应该勇敢面对。为此，豆豆勇敢地和妈妈谈起几十年前的旧事，这才了解了父亲当年的苦衷和生活沉重的压力。在不再怨恨父亲之后，豆豆心中豁然开朗，心结解开之后，她也自然变得友善起来。

人生，总是有着各种各样的不如意。面对这些坎坷和挫折，我们必须发自内心地接受它们，才能真正地从心里消融它们。只有做到这一点，我们才能真正地摆脱迷茫，热情地拥抱生活。

只有把握适度，你才能最完美地实现目标

关于爱情，有人曾用流沙来形容，即“既不能握得太紧，否则一定会让沙子都悄悄溜走，也不能握得太松，否则就是随风而散”。这句话恰恰是说我们对于爱情的把握程度，一定要松紧适宜。其实，不但面对爱情如此，面对人世间的很多事情，我们都要掌握合理的度。早在古时候，先哲就说“过犹不及”，意思是说任何事情一旦过度，都会起到事与愿违的效果。生活中的诸多经验也告诉我们，要学会适度。所谓民以食为天，就拿每天都要吃的饭菜而言，一条新鲜的鱼，要想最大限度地表现它的美味，必须火候得当。否则，鱼肉一旦煮过了火，就会变得难以下咽。很多道理都是放之四海而皆准的，唯有适度，才能如愿以偿。

对于人生，人们总是有着各种各样的梦想、设想。有规划的人还会为人生未雨绸缪，提前设定很多计划和目标。那么，当我们奔向远方的理想时，应该采取怎样的姿态呢？走得太慢，如同蜗牛，一步还没有走完，人生已经过半；走得太快，则欲速不达，尽管狂奔不已，但却因为中间仓促走错了路，拐错了

弯，甚至不小心摔了一跤，而南辕北辙。由此可见，在人生之中奔跑的速度同样应该适度。如同赛车，必须在保证安全的情况下保证最快车速，才能夺得冠，否则会因为四轮狂奔而导致倾覆，再快的速度也是归零。

大学毕业之后，梦飞一直想要实现自己的理想。来自农村的他，最大的理想就是成为一名地地道道的城里人，有属于自己的房子车子和妻儿老小。在经过一番思考之后，梦飞意识到这一切必须通过事业有成来实现。

刚刚进入单位的梦飞，凭着一股子冲劲，在公司的新进职员中出类拔萃。然而，常规的晋升通道显然太慢了。为此，梦飞开始动起了歪心思。他不但在工作中处处为领导着想，还利用节假日去领导家里打扫卫生，帮忙做饭洗衣服。在梦飞第一次去的时候，领导不好意思直接拒绝，因此像对待朋友一样留下梦飞吃饭。后来，当梦飞接连几个周末都留在领导家里一整天，领导不由得意识到问题没那么简单。领导语重心长地对梦飞说："小李啊，很感谢你过来看望我。不过呢，我觉得你是年轻人，应该努力提升自己，如此宝贵的周末时间，既可以看看书，也可以参加培训班提升技能，还可以和女朋友四处走走看看呢！"听到领导的话，梦飞不以为然地说："没关系，领导，我独自在这个城市，您就把我当家里人。我反正也没事，就来帮您家里干干杂务。"领导听到梦飞如此赤裸裸的表白，无奈地说："梦飞，我是把工作和生活分得很清楚的。所以，我在家里从来不谈公事，更不会把私事与公事混为一谈。我和家人都需要私人空间，希望你能体谅。"领导话已至此，梦飞只好灰溜溜地走了。后来，他发现领导总是有意无意地躲着他，生怕他再做出殷勤的举动。对此，梦飞懊悔不已，看来他是拍马屁拍到马蹄子上了，导致事与愿违。

任何事情的发展都有一个漫长的过程，作为表现突出的新进职员，梦飞其实原本有着很好的前途。然而，他心急如焚，只想尽快实现自己的人生目标，未免就操之过急了。领导虽然赏识有才华的下属，但是一定不喜欢功利心太强的下属。即使作为下属有些私心，想在领导面前好好表现，也应该耐下心来，以循序渐进的方式进行。

很多事情都是欲速不达的，我们必须遵循事物发展的规律，既要像等待花开一样耐心和用心，也要像一朵花拼尽全力绽放一样拼搏和付出，这样才有可能完美地实现自己的目标。

有些感情看似刺猬，其实有着柔软的躯体

生活中，我们常常发现身边的有些人非常难以相处。他们个性尖锐，就像是一只刺猬遇到危险时那样，一根根刺全部都炸开来，随时保持着攻击的状态。和他们说话时，即使我们小心翼翼，也常常会不小心触犯他们的原则，导致他们勃然大怒。对于这样的人，我们该如何相处呢？很多人选择避之不及，很多人选择迎难而上，拔掉对方那些伤人的刺，最终的结果却是两败俱伤。尤其是在需要密切配合的职场上，如果那只“刺猬”恰恰是你需要合作的同事或者上司，你又该怎么办呢？其实，每个人心里都有一座属于自己的城堡。在你看似轻松的背后，也一定有着不为人知的辛酸。只要能够打开对方的心门，真正走入对方柔软的心底，你会发现平日里恨不得与之为敌的那个人，居然成为你心甘情愿为其付出的朋友。

尤其是对于那些内向、自卑、敏感的人而言，他们总是用骄傲来掩饰自卑，用坚强来掩饰脆弱，用粗犷来掩饰敏感和细腻，而实际上，他们是有着柔软的心的。人，都是感情动物。我们既可以以理服人，也可以以情动人。归根结底，只有感情上引起共鸣，不同的人之间才能产生真正的友谊。

皮特在和艾琳谈恋爱之后，随着艾琳去拜见了她的父母。然而，皮特有一

种很奇怪的感觉，即艾琳的父母在见到他这个准女婿之后，非但没有表现出明显的开心，反而由内而外散发出抵触和敌意。皮特不知道这是怎么回事。

在和艾琳相处很长时间后，皮特准备和艾琳结婚了。他和艾琳计划买一套小公寓，这样他们就可以住在市区里，距离工作的单位也很近，无需每天下班后都赶回远郊区的家。然而，当皮特和艾琳父母说起此事时，艾琳父母马上很不友好地说："我们没有钱。"皮特很尴尬，待了一会儿才说："我不是想和你们要钱，也不是要和你们借钱。我只是告诉你们，我可以给艾琳很好的生活，我会为了她的幸福努力的。"听到皮特这么说，艾琳父母的神色才缓和起来。当晚，皮特向未婚妻艾琳说起这件事，语气里有着显而易见的不高兴。这时，艾琳告诉他："你不要怪我的父母，其实这一切责任都在我。在认识你两年前，我曾经交过一个男朋友。但是，我的父母对他特别好，也非常信任他。那个时候，为了支持他创业，我的父母甚至拿出了自己毕生的积蓄。然而，他在生意做得很好的时候，突然提出和我分手，并且带着所有赚来的钱人间蒸发了，连我父母借给他的钱都没有还。我想，是我遇人不淑，导致父母的积蓄被骗子卷走。"听了艾琳的话，皮特恍然大悟："难怪我在第一次去你家时，就觉得他们非但不高兴，反而对我心怀戒备。不过，既然其中还有这件事情发生，我也就理解了他们的感受。放心吧，艾琳，我不会再让你受苦了，我会和你一起孝顺他们的。"后来，经过几年时间的相处，看到皮特不但对艾琳很好，也很尊重和孝顺老人，艾琳的父母终于消除了心中的阴影，开始真正地接纳皮特，并且将其视为自己的孩子一样疼爱。

在艾琳父母的感情中，隐藏着几年前的创伤，在倾尽所有付出之后的被伤害，使他们短时间没有勇气迎接新的开始。不过，在了解事情的真相之后，皮特很理解和体贴艾琳的父母，也总是竭尽所能地消除他们心中的疑虑。在经过几年的努力后，深得艾琳父母信任的皮特，真正成为了他们的好女婿。

常言道，一朝被蛇咬，十年怕井绳。人，其实是很胆小的，也常常因为往事留下心理阴影。只有怀着真诚和善意打开他们的心门，你才能真正走进他们的心里，触碰到他们柔软的内心。

与其排斥客观存在，不如张开怀抱接纳

在生活中，我们总是会遇到不如意的人或者事情。每当这时，我们是选择逃避，还是选择无视，亦或是排斥？出于本能，几乎每个人都会趋利避害，都会倾向于选择自己喜欢的人和事，而排斥那些无法让我们感到满意的，甚至是使我们纠结苦恼的。其实，这么做的结果往往是导致我们更加不快，甚至是深深地陷入痛苦之中。

记得曾经有位名人说过，改变你能改变的，接受你不能改变的。的确，在大自然中，在社会中，个人实在是太渺小而又无助了。对于那些不能改变的客观存在的人和事，我们除了选择接受，没有更好的办法。当然，被动的接受往往无法起到很好的效果，要想与他们和平共处，就要张开怀抱真心地接纳他们。唯有如此，你才能感受到更多的快乐。

自从Kaiser工作以来，我无数次听到她对上司的不满。每天下班回家，看着我已经做好的满桌子的美味食物，她从来不觉得欣喜，更不会感谢我这个任劳任怨的妈妈，而是抱怨地说："今天，马文又惩罚我了。我只不过是写错了一个小小的字母，他就大发雷霆，当着全办公室人的面，从来不知道给我留面子。"我平静地说："如果你改变不了马文，那就告诫自己下次不要再写错无关紧要的字母了。更何况，你作为文秘的工作就是做好每一份文件。我倒是认为，马文除了不应该当着所有同事的面训斥你之外，没有任何错误。不过，如果你的确受不了他这一点，我想你可以选择辞职。"听到我的话，Kaiser夸张地

大叫起来："妈咪，你有没有搞错？辞职？你知道现在找工作多么难吗？"我淡然一笑："你自己考虑吧！这其中的道理很简单，就像是我做饭一样。如果这一天我不想去买菜，那么只能利用冰箱里现有的食材，尽量做出美味可口的食物。我不能奢望更多，你也如此。"

Kaiser陷入沉思之中。第二天下班回来，她没有抱怨，而是惊喜地看到我做的美味："妈咪，你居然做了牛排，我的最爱啊！"我笑着说："最近一个月来，这是我第四次做牛排，但是你才第一次发现。"Kaiser不好意思地笑了，说："妈咪，昨天听了你的话，我领悟出一个道理，如果我不能改变，那么就应该学着接受。今天，我做文件的时候特别小心，连一个标点符号都没有错，而且我效率很高，做了很多份文件。为此，马文居然当着所有同事的面，毫不吝啬地表扬了我。我突然间就喜欢他了，其实他也挺可爱的，从不掩饰自己。"我不以为然地笑了，说："事实向来如此。"最让我欣慰的是，Kaiser不再无视我辛苦烹饪好的美食，每天下班回家都怀着愉悦的心情陪我享用晚餐。

对于不能辞职的Kaiser而言，上司马文就是她客观存在的事实。她每次都抱怨马文，无形中已经让自己远离了快乐，但自己却浑然不觉。直到妈妈以简单的道理点醒她，她才意识到问题其实不仅仅在于马文，而更多地在她自己身上。调整心态之后，她的日子马上好过了。就这样，Kaiser找回了久违的快乐。

每个人都追求幸福的生活，说到底，幸福只是一种感觉。由此可见，幸福与否小部分取决于外界的条件，大部分取决于我们的内心。古人云，知足常乐。对于一颗知足的心，幸福是唾手可得的事情。对于永远不知满足的心，即便得到再多，也依然常常觉得怅然若失。对于不能改变的外界，我们必须调整自己的心态，学会真诚地接纳，才能彻底地改变生活和工作的状态。

温柔有时候是一种极其强大的力量

很多时候，我们觉得自己不够坚强、坚持、坚定，因而强迫自己改变，不要再继续懦弱下去。其实，我们并非懦弱，真正的懦弱的确是需要变得强硬。更多的时候，我们只是温柔。因为对外界的敏感，温柔的我们常常独自一个人，默默地承受。实际上，温柔并不是软弱的代名词，温柔甚至是一种强大的力量。因此，从现在开始，我们再也不要因为温柔而又敏感，只能默默忍受和承受。我们应该把温柔的力量发扬光大，做到即使不强硬，也能很强大。

现代社会的生存压力成倍增长，职场上的竞争也越来越激烈。很多人都担心：如果我变得很温柔，会不会被他人欺负呢？的确，生活中的很多时候和很多情况都需要我们坚强以对，然而谁说温柔又不是坚强的一种形式？就像柔韧的藤条，总是能够在艰苦的环境中保持韧度，从来不会轻易折断。相反，最坚硬的钢铁，虽然很硬，但是也很脆，在一定的环境下也许很容易断裂。这就是温柔与坚强之间的关系。人们常说百炼钢成绕指柔，指的也就是这个意思。在面对生活无尽的坎坷和挫折时，我们一定要锻炼自己的内心，让自己变得温柔而坚强。

自从结婚以后，娜娜再也找不到热恋时期的快乐。热恋时期，张强不管工作多么忙碌，都会努力抽出时间来陪伴她，接送她上下班。然而，随着步入婚姻生活，他们之间的感情似乎也渐渐变得干涸。他们虽然名义上是彼此的丈夫和妻子，但是娜娜已然记不清这是丈夫多少次晚回家，外出应酬，不在家里吃晚饭。终于，在又一次看到丈夫醉醺醺地回家之后，娜娜选择了爆发。她歇斯底里地冲着醉酒的丈夫吼叫，希望能够得到丈夫的关注，也让丈夫悔改。然而，丈夫正在醉酒，不但不能平静下来，反而在娜娜歇斯底里的吼叫中被激怒，与娜娜毫不留情地吵了一架。

此后接连几天，娜娜都不理丈夫，开展家庭冷暴力。然而，一段时间之后，她发现丈夫不再像新婚时那样想尽办法哄她高兴，而是对她不以为意。这时，娜娜才意识到问题的严重性。原本，她只想以新婚妻子的权威，降服丈夫，让他能够按时回家，尽量少一些应酬，多多陪伴家人。但是，如今娜娜发现，这样冷漠地对待丈夫，反而使他更加不愿意回家，甚至连哄她开心的耐心都没有了。思来想去，娜娜决定不再与丈夫对决。相反，她想出了一个与众不同的办法。这天晚上，娜娜参考菜谱，专门做了丈夫爱吃的松鼠桂鱼。她还精心地准备了红酒，在丈夫到家之前洗澡化妆，点燃蜡烛。当难得按时下班回家的丈夫打开门的一刹那，不由得又惊又喜。这天晚上，娜娜极尽温柔地陪伴丈夫吃饭，再也不说不开心的事情。果然，丈夫不再讨厌回家了，因为家里正在等他的不是歇斯底里的妻子，而是温柔可爱的“情人”。

夫妻之间的生活因为柴米油盐酱醋茶的介入，一定是远远不如热恋时期那么浪漫和充满激情的。这种情况下，如果作为妻子只会给丈夫施加高压政策，则男人一定会因为新婚综合征而恨不得逃离这个刚刚组建的小家庭。聪明的娜娜相处了一个好办法，那就是用温柔拴住丈夫。当家变成真正让人身心放松的港湾，谁还会拒绝爱人的柔情呢！从现在开始，尤其是女性朋友们，让我们都学会使用温柔的强大力量，为我们的生活带来更多的情调和惊喜吧！

痛苦不会消失，只会被你消融在生活中

曾经有位心理学专家说，我们无法让痛苦从生活中消失，却能让痛苦消失在生活里。的确如此，没有人的人生充满快乐，远离任何烦恼和哀愁，除非是在乌托邦的世界。真正的生活就是那么残酷，活着的每一个人都要不停地面

对悲欢喜乐，接受生活的无边馈赠。在这种情况下，我们应该以怎样的态度面对痛苦呢？毫无疑问，痛苦是我们每个人都必须面对的问题，即使你是富二代或者官二代，即使你身家千亿、锦衣玉食，你也依然和所有人一样都要面对痛苦。与其说是命运面前人人平等，不如说痛苦总是如此不偏不倚地惦念着每一个人吧！

民间有句俗话，叫作“家家有本难念的经”。这句话的意思是说，每个人或者每个家庭，或多或少都要面对不如意。不管是有钱人还是穷人，也不管是健康还是疾患，痛苦之于人类，永远是如影随形。可以说，只要是有人的存在，世界上就必然有痛苦，有不如意，有烦恼，有纠结犹豫。其实，无论我们怎么防患于未然，或者杞人忧天地提前想好一切糟糕的结局，我们都无法预防痛苦的出现。命运是无常的，痛苦也是无常的。很多人都出于趋利避害的本性，一味地抗拒和排斥痛苦。殊不知，痛苦永远不会被你吓跑，更不会消失。然而，你却可以坦然接受痛苦，把痛苦消融在生活里。

从某种意义上说，生活就像是一个大染缸，不但有形形色色的人，各种不同的人的性格，还有层出不穷的悲欢离合。从这个角度来看，生活是极具包容性的。我们的心胸，也应该随着生活的节奏，不要那么狭隘，必须要能够容纳痛苦的出现和存在。

自从老伴突发脑溢血去世之后，张阿姨的生活一下子就变得充满阴霾。原本，张阿姨和老伴还兴致勃勃地策划出国旅行，利用退休后身体还硬朗的日子环游世界呢！哪里就能想到，老伴突然脑溢血，一下子就抛下她独自离去了。

结婚这几十年来，张阿姨和老伴感情一直特别好，简直是公不离婆，秤不离砣。如此深厚的感情，彼此间的缘分却突然戛然而止，张阿姨根本不能适应。在老伴刚刚去世的日子里，张阿姨悲痛欲绝，恨不得也跟着老伴一起去了。然而，女儿整夜整夜地守护着她，让她又于心不忍。不管孩子多大，在父母面前也终究是孩子，张阿姨不忍心让唯一的女儿接连遭受失去父母的打击。

然而，虽然苟延残喘地活着，张阿姨却失去了精气神。她每天都浑浑噩噩地过日子，从前最讲究穿衣打扮的她，现在衣冠不整，眉眼不洗。看到妈妈的样子，女儿痛心极了。为了照顾妈妈，女儿还辞掉了工作，带着孩子一起搬回家里看着妈妈。在女儿的用心守护下，张阿姨决定要活下去，享受生活。

虽然总是情不自禁地面对伤痛，张阿姨依然非常坚强。为了摆脱伤痛，她还发明了一个办法，即接纳痛苦，融化痛苦。以前，张阿姨在思念老伴时，总会提醒自己老伴已经去世了，如今与她阴阳两隔。每每这么想，她都会心如刀绞。如今，张阿姨不再认为老伴已经去世，而当老伴是在以另一种方式存在。她也不再绝口不提老伴，而是像老伴活着的时候一样，总是和女儿说："你爸喜欢吃酸辣土豆丝，咱们就做酸辣土豆丝吧！"尽管这么说的时候心里依然会隐隐作痛，但是张阿姨的伤痛渐渐地愈合了。她习惯了看不到老伴的日子，也习惯了心里有老伴的日子。现在的张阿姨，虽然没有把痛苦从生活中赶走，却已经让痛苦消失在了日常琐碎的生活中。

痛苦永远不会消失，但是当我们张开怀抱拥抱痛苦时，它却会成为我们生命的一部分，直到我们能够坦然面对痛苦，将其当成是我们生命中土生土长的一部分。就像张阿姨想念老伴，当不再刻意强迫自己不要去想，思念也就变得更加平和自然。在这样的过程中，痛苦淡化了，因为它已经在我们的心目中取得了合法存在的方式。

每个人的人生都或多或少的伴随着痛苦。我们唯有以更好的方式与痛苦相处，才能让痛苦消失在我们的生活里。

第07章　为自己负责，不必活在别人的认可里

人生，是活给自己看的，而不是活给别人看的。生活中，很多人都想要得到他人的认可，这原本无可厚非。毕竟，每个人都需要社会的认同。然而，我们却不能一味地苛求他人的认可，甚至因此而失去了自我。归根结底，我们要为自己而活，而不是为其他人。别人的眼光，只能帮助我们适当地调整自己，但是却不能影响我们的人生之路。

当所有人都否定你，才是你证明自己的最好机会

人是群体动物，每个人都希望得到他人与社会的认可，从而实现自己的社会价值，也证实自己的能力。然而，生活常常会与我们开玩笑，很多时候，我们虽然已经竭尽全力，却依然不能得到大多数人的认可。尤其是在遭遇困境时，我们甚至会被身边的每一个人嘲弄，其中也包括我们的亲人和朋友。在这种情况下，我们应该怎么办呢？是因为这重重叠叠的否定就此放弃自己人生的希望和梦想吗？还是努力地继续奋斗，反而就要憋着一股劲，证实自己真的没有那么差劲？前者是弱者的作为，后者是强者的选择。在生活中和职场上，我们常常会意外地看到黑马的崛起。所谓黑马，无非就是平日里表现寻常，然后在一个所有人都意想不到的时刻，突然就成就了自己的人。这样的黑马，是值得我们钦佩和赞赏的。

由此可见，如果所有人都看好你，你表现优异自然是符合了人们的预期。但是当所有人都否定你时，你依然对自己不离不弃，坚持不懈地实现自己人生

的梦想，最终让所有人都瞠目结舌，这才是真正的强者所为。

京剧界的人没有不知道梅兰芳先生的。作为京剧界的泰斗，梅兰芳先生深受很多人的尊重和敬仰。然而，很少有人知道的是，梅兰芳先生曾经也是一匹黑马。虽然他出生在京剧世家，从小就受到耳濡目染。当他八岁开始提出要学习京剧之后，家人马上给他选定了优秀的老师。由于梅兰芳要学习的是旦角，这就意味着他无论是唱念做打，都要模仿女生，甚至比很多柔美的女性都要更具韵味和特点。刚刚开始学习旦角时，梅兰芳的进步很慢。有的时候，老师要花费很长的时间教他一出戏，但是他领悟很慢，迟迟无法学会。有一次，老师实在失去了耐心，因而对梅兰芳的父亲说："这孩子并不适合吃这碗饭。"在从父亲口中听到老师对自己的评语之后，梅兰芳心里很难过。然而，他毫不气馁，反而下定决心要学好唱戏。

既然没有老师愿意教了，梅兰芳就开始独自勤学苦练。别人只需要唱几遍就能掌握一段唱词，他却要唱几十遍，直到牢牢掌握为止。皇天不负有心人，梅兰芳最终唱出了圆润如玉的唱腔。其实，老师之所以拒绝收梅兰芳为徒，还有一个原因。当时，梅兰芳有些近视眼，眼睛丝毫不能传神，显得很呆滞。了解京剧的人都知道，京剧的旦角必须依靠眼神传神。为了练习眼睛的神采，梅兰芳煞费苦心地养了十几只鸽子，每当鸽子飞入高空，他就盯着飞翔的鸽子目不转睛，以此让眼神凝聚。此外，他还盯着在水里自由游弋的鱼儿看，日复一日，年复一年。最终，梅兰芳终于拥有了神采奕奕的眼睛。就这样，曾经被老师判定为不适合京剧表演的他，成为了京剧的名角，而且还自成一派，成为一代宗师。

从梅兰芳在京剧前进的道路上，我们不难看出一个真理：即使所有人都不看好你，只要你自己坚定不移，对自己不离不弃，那么凭借着努力和刻苦的奋斗，你也终会出人头地。其实，人生中做任何事情都是如此。越是当别人不看好我们的时候，我们越不能自暴自弃，反而应该更加拼尽全力地证实自己。人生的路总不是一帆风顺的，遭遇坎坷和挫折恰恰是一种很好的磨炼。从现在开始，让我们鼓起信心的风帆，扬帆起航吧！

勇于接受批评，才是真正能够战胜自己的强者

从本性的角度来说，几乎每个人都喜欢听到赞赏的话，而不喜欢接受批评和否定。这其实毋庸置疑。归根结底，我们不但要证明自己，也想要得到他人的认可和社会的接纳，因为人是具有社会属性的。不过，即便如此，我们却无需对批评避之不及。仔细想想，如果你一直生活在赞美和肯定之中，又如何发现自己身上的缺点呢？而人，恰恰是在中肯的批评和建议中，才能加快速度成长和成熟起来的。

对待赞美，每个人都能甘之如饴的接受。对待批评，如果也能做到诚心诚意地接受，那才是内心真正强大的强者。越是心理强大的人，越是能够坦然接受和对待批评。归根结底，批评越多，我们潜心接受得越多，就越能进步和成长。

曾经刚刚大学毕业的他，家境贫寒，不得不马上找到工作，以减轻父母的负担。为此，他并不像大多数同学那样那么挑剔，而是非常踏实地找了一份工作就干了起来。在工作的过程中，因为没有经验，难免常常出错，也时常被批评。但是，他并没有气馁，哪怕是单位里的清洁工阿姨批评他，他也都坦然接受。在毕业后一年的同学聚会上，说起现状，很多家里有钱有权的同学，都进了非常好的单位，过着悠闲自得的职场生涯，脸上依然稚气未脱。还有极个别的同学，因为挑三拣四，至今依然没有正式步入工作岗位。唯独他，在短短的一年时间里成熟了很多，看起来已经是非常老练的职场人了。

当听说他在单位里总是被批评时，有个同学不以为然地说："那你还伺候他们干嘛！此处不留爷，自有留爷处，我觉得你干脆辞职得了。工作嘛，还可以再找，但是气不能天天受。"他非常惊讶地说："这怎么能叫受气呢！你知道嘛，单位里招了我们这种应届毕业的大学生，其实也是很为难的。毕竟，我们的工作经验太少，工作能力也有欠缺。我觉得，只要不进行人身攻击的批评，我都能接受。归根结底，我是真的做得不够好，或者的确犯了错误，才会被批评。领导和同事们也是为了我们好，才鞭策我们的。我想，只要我努力提升自己，改进做事的方式方法，提高效率，达到他们的满意，情况一定会慢慢好转的。"听了他的话，同学气哼哼地说："你呀，就是受气的命。"一年毕业聚会之后，大家再次各奔东西，纷纷踏上各自的人生旅程。等到五年同学聚会时，大多数同学工作上并没有太大起色，还有些同学接连跳槽，根本没有任何积累。唯独他，在没有任何权势和背景的情况下，如今已经成为单位里第一个中层管理者。可以说，今天的他和四年前的他已经不可同日而语了。很多同学都纷纷向他取经，他淡然地说："坦然接受每一份批评，努力改进自己，这就是我的经验。我的成就，都是在领导和同事的批评之下才得来的。"听了他的话，那个曾经说他命中注定要受气、自己却至今依然一事无成的同学不胜感慨。

在这个事例中，"他"之所以能在毕业之后的短短几年内胜任公司的中层管理，就是因为他有着一颗强大的心。对于他人的批评，有则改之，无则加勉，坦然虚心地接受他人的指导意见，对于永远行走在人生之路上的每个人而言并不是难堪的事情。相反，如果你对于他人的批评总是怀着抵触的心理，而且自己就觉得很丢人，那么一定会觉得更加尴尬和无法面对。

归根结底，我们只有摆正自己的心态，才能坦然面对批评。尤其是现代职场竞争如此激烈，不管是善意的批评还是恶意的批评，往往都是我们难以避免的。既然无法回避，那么不如练习心态，坦然接受，并且以此作为进步的阶梯。老祖宗为我们留下很多至理名言，把“有则改之，无则加勉”这句话借用过来面对批评，是最好不过的。

做任何事情都要有主见，才不会随波逐流

人活着，总是有各种各样的欲望。作为心理学大师级人物，马斯洛曾经把人的需求分成三个层次，由低到高依次是生理需求、心理需求、精神需求。作为最高需求的精神层面的需求，就是获得他人的尊重和认可。的确如此，人作为群居性动物的存在，无法脱离人群生活，每个人都希望获得荣耀，从而给自己的脸上添光彩。然而，事情却总是违背我们的意愿，我们越是想要的，反而越得不到。面对身边那些七嘴八舌的人，不管我们想要做什么，他们都会指手画脚，表达他们的意愿和看法。如此一来，如果是不够坚定的人，很容易就随波逐流了。举个最简单的例子，如果最近流行穿条纹的衣服，那么很多人不管自己是胖还是瘦，也不管自己是否适合穿条纹的衣服，都会毫不犹豫地为自己也买一件条纹的衣服穿。相反，如果流行穿雪纺材质的娃娃裙，那么依然有那么一群人根本不留意自己的身材条件，也忙不迭地买来穿上。殊不知，衣服是最挑人的，细高挑的人穿得成了仙，你穿了也许就是矮冬瓜。因此民间有句俗语，说的意思就是穿衣服一定要衬自己。

其实，不仅仅是穿衣服，很多事情都要有主见。人生总是面临着各种各样的选择，可以说人生就是由各个时期的诸多选择组成的。每一次选择，小到穿衣吃饭，大到前途命运，我们都不得不面对。这种时候，是听身边那些指手画脚的人的，还是听自己的，必须想清楚。归根结底，每个人的生活都只有自己才最清楚。作为外人，不管再怎么设身处地和体贴入微，也不可能真正了解

我们的想法和苦衷。为此，我们必须根据自己的实际情况，做出坚定不移的选择，这才是对自己真正负责的态度。

张鹏来北京十年了，至今没有稳定的住所。早在来北京五年的时候，张鹏工作就已经稳定下来了，收入也很有保障，再加上父母手里也有一些闲钱可以借给他，因此他准备买房。这时，正值2008年奥运会前夕，很多亲戚朋友听说张鹏计划买房，都劝他："奥运会之后，经济一定会有波动，房价也会下行的。不要买了，再等等吧。"其实，张鹏当时已经和女朋友看了一段时间的房子，在北五环外著名的文化居住区回龙观等地区，房价才8000多一平。但是，在亲戚朋友的劝说下，张鹏开始幻想房价能够下降到6000左右，这样他计划买的80平的房子，就可以变成100平了。

就这样，张鹏等到了奥运会之后，房价的确开始下行。然而，正当他要出手时，朋友们又说："哎呀，肯定还会再降的。既然已经进入下行通道，你还着什么急。反正工资又不会降的，买跌不就相当于赚了吗！"就这样，张鹏一再地等，2009年房价突然就涨了起来。这时，想到自己曾经6000多的单价没有买，张鹏当然不想再为8000多的单价买单。就这样，他一等再等，最终，在2010年，房价涨到了一万多每平方米。眼睁睁地看着自己80平米的房子变成了六十平，张鹏没有追涨，而是选择继续观望和等待。不想，到了10年底，房价留已经突破两万了。此时此刻，尽管张鹏想买，却已经买不起了。就这样，张鹏在北京漂了十年，依然没有自己稳定的家。

在这个事例中，张鹏显然是缺乏主见。买房是大事，而非投资。那些给张鹏瞎出主意的人，很可能都是有房子住的，因而更多的关注房子的投资功能。但是对于张鹏而言，他在北京身无片瓦，急切需要有个安定的住所。因而，房子对于他而言首先是居住功能，而非需要像关注股票那样关注房价的涨跌。倘若张鹏能够适当参考亲戚朋友的意见，但是更多地从自身的实际情况出发，该出手时就出手，当机立断买下房子，也不会错失千载难逢的好时机。如今，张鹏即便懊悔不已，也已经为时晚矣。

每个人都有自己的生活，这份生活只有我们自己才是真正的参与者，其他人都是旁观者。因而，虽然我们应该从谏如流，但是却要保持理智的心态，始终牢记自己是生活主人翁的身份。归根结底，他人既不会为我们的生活买单，也无权决定我们生活的诸多选择题。这一切，都取决于我们自己是否拥有坚定不移的心。

生活是自己的，即便为了获得他人的认可，我们也不应该过度参考他人的意见。任何时候，为自己的生活负责，为自己创造精彩生活的人，才是值得我们尊重和钦佩的。

即使你很平凡，也千万不要坠入平庸

人人生而平凡，除非是含着金汤匙出生，才有可能占据些许的优势。然而，大多数人都注定是平凡的，平凡的家庭，平凡的相貌，平凡的才能，平凡的一切……我们必须接受这份平凡，然而我们必须拒绝平庸。平凡和平庸是不同的，平凡的人处处可见，受人尊重，平庸的人却埋没在人堆中，连自己的个性都失去了。

在《幸福》一文中，台湾女作家龙应台说："幸福就是，生活中不必始终恐惧不安；幸福就是，平凡的日子一天天地过；幸福就是，普普通通的人儿一如往昔；幸福就是，人们可以自由地决定自己的人生和生活。"这就是龙应台对于幸福的理解，是那么平凡朴素，毫无独特之处。古人所说的"岁月静好"，恰恰和龙应台的这句话不谋而合。人生，真的不像我们想象中那样惊天动地，大多数人的人生都是平凡而又普通的。然而，我们可以接受平凡，却不能忍耐平庸。对于幸福，其实每个人都有自己的理解和领悟，有人觉得挣很多钱就能获得幸福，有人觉得身居高位才是幸福，有人觉得与家人相守是幸福，有人觉得备受瞩目、生活在聚光灯下是幸福。无论你所认为的幸福是什么样的，幸福都是你内心深处的一种感受。与其等待幸福，不如主动创造幸福。每一个平凡的你，都可以拥有属于自己的幸福。台湾作家三毛随同丈夫在撒哈拉沙漠中生活时，并不曾被沙漠恶劣的气候和枯燥的生活打倒。相反，她把原本让人不忍直视的家收拾得充满艺术的浪漫气息，随便捡来的汽车废气轮胎，彻底清洗之后放一个红色的棉垫子，就成了最温暖舒适的座位。从棺材店要到的废气木箱子，也因为丈夫的巧手和三毛的独具用心，成为颇具风情的沙发。沙漠中一起捉鱼，一起看星星，这一切都为三毛枯燥乏味的沙漠生活增添了无限的乐趣，那种独特的体验是任何人都无法效仿的。然而，沙漠的生活不可谓不艰苦，既没有充足的水源，而且炙热的阳光也似乎要把人烤焦。如果换成是其他人，也许早就不堪忍受，落荒而逃了。由此可见，无论外界环境多么恶劣和残酷，到底是平凡地度过，还是坠入平庸，依然取决于我们对待生活的态度。

曾经，有个女孩子的腿上有一块大大的胎记，从小腿一直到大腿。因为这块青色的胎记，她自从懂事之后就很少穿裙子，生怕别人看到这块胎记。在大学期间，班里所有的女同学都穿上了随风摇曳、婀娜多姿的裙子，只有她每天都穿着长裤。后来，女孩恋爱了。

眼看着盛夏又再来临，男朋友问女孩："你为什么不穿裙子？"女孩很久没有说话，挽起裤管，说："你看！"男孩看到了那青色的胎记，想了想，说："这是造物主给你留下的印记，你一定是与众不同的。"后来，男朋友买了染料，细细地为女孩画了彩绘。女孩穿上及膝的裙子，小腿上青色的胎记，变成了一只展翅欲飞的蝴蝶。从此之后，她再也不拒绝穿裙子了。即使没有彩绘，她也能坦然面对他人异样的眼光，因为她知道自己是与众不同的。她变得活泼开朗，外向积极。因为能歌善舞，她还成为学校各种文娱节目的主持人。如今的她，翩翩然如同彩蝶，变得无比自信。

每个人都是平凡的，也是不平凡的。面对他人异样的眼光，我们唯一要做的就是坚定地做自己。要知道，每个人都是世界上独一无二的自己，不管你长得美还是丑，都无法改变这一点。那么，从现在开始就接受自己的一切吧，正因为他们的存在，你才能够成为你。

曾经，有很多名人也因为各种各样的原因非常自卑，诸如胖胖的张越。然而，在超越自身的局限之后，他们马上就能化蛹成蝶，华美绽放。看着如今胖乎乎的张越主持节目，你是不是也同样觉得赏心悦目呢！这就是蜕变的平庸，不同的平凡！

走自己的路，让别人说去吧，相信但丁

作为欧洲文艺复兴运动最伟大的开拓者之一，但丁曾经说："走自己的路，让别人说去吧！"这句话，鼓舞了无数文艺青年，坚定不移地行走在自己的道路上，不再顾忌他人的想法、看法或者任何评价。为什么我们要坚定不移地走自己的路呢，因为别人不管说什么都是以旁观者的角度，他们根本无从理解你的所思所想和所感，因而也就不能理解你的苦衷和选择。每个人都要对自己的人生负责，这一点毋庸置疑。那么，每一个人在对他人的生活指手画脚时，能对他人的生活负责吗？答案显然是否定的。不管你处于什么样的原因做出选择，你都要对自己的选择负责，也只能独自决定自己的命运。

现代社会，信息传播速度如此之快，很多人足不出户，就可以眼观八方，耳听四路，也为此，他们更加喜欢评价别人。其实，这不仅是对他人不负责的

态度，也是给自己招惹麻烦的行为。试想想，你自己的生活还不够你担忧发愁的吗？有何必要盯着别人不放松呢？！

人生，就像是一场漫长的马拉松比赛。作为参赛者，你很清楚自己的体力，因而要对整个赛程做出合理的安排。相反，旁边那些喊加油的，只会在一开始时就吆喝着让你加油，而丝毫不会担心你到了最后百米冲刺的时候因为力气耗尽而被超越。在这种情况下，只有你才能合理把握节奏。人生也是如此。我们不应该根据别人的口号而盲目奔跑，否则一旦力气耗尽，人生就会后续无力。我们应该清楚地制定自己的目标，从而才能更加合理地把握人生的节奏。

大学毕业后，李刚顺利地找到了现在的工作。当时，和他一起进入公司的还有另外五名同事。然而，半年试用期之后，有三名同事都选择了跳槽。也许，他们在进入公司之初就是为了把公司当成跳板吧。

转眼间，又是半年过去了，眼看着春节在即。李刚和剩下的两名同期同事一起外出吃饭，有个叫马玉的同事说："李刚，王凯，咱们也跳槽吧。你看看，之前和咱们一起进公司的那三个人，现在一个月都挣五千多了呢！咱们才只有四千多。"王凯怦然心动："五千多啦！哇塞，要是我每个月多挣一千多，可以自己独自租套一居室了。现在合租的室友素质太差，家里整天乱七八糟的。"马玉转向李刚："你呢？"李刚摇摇头，说："我不想跳槽，我觉得现在挺好的呀。领导人也不错，工作氛围也还好。而且，我们才刚刚大学毕业一年，还需要积累很多的工作经验呢！跳槽得不偿失。"看到李刚态度坚决，马玉对王凯说："哎呀，别管李刚了，他是个死脑筋。其实，我都找好单位了，单位邀请我多带几个人过去呢！待遇是5600元每月，王凯，你确定跟我一起走吧！"王凯毫不犹豫地点点头，说："那是，谁跟钱有仇啊！"

就这样，在春节假期之后，马玉和王凯也递交了辞呈，如此一来，同期的六个人中只剩下李刚了。李刚每天都踏踏实实地工作，从不抱怨。光阴流逝，又是一年之后，李刚居然被升为部门主任，工资也一下子提高了百分之五十。

看着连同年终奖一起打进工资卡里的两万多块钱，李刚简直乐得合不拢嘴。然而，那几个为了一千多块钱工资跳槽的人呢，再次选择了跳槽，没有任何工作资历可以作为资本。

对于年轻人而言，薪酬固然重要，但是更重要的是职业发展的前景。李刚显然是非常有主见的孩子，并没有因为高薪就离开现在发展良好的公司，因此才能在大家纷纷跳槽之际，被提升为部门主管。对于这样意外的提升，李刚喜不自禁，也决定要以更优秀的工作表现回报上司的提拔。相比较那些接连跳槽的同学、朋友和前同事，李刚当然是明智的。

命运，有时候的转机就出现在那一瞬间。如果当初李刚选择和马玉一起跳槽，则如今肯定也依然是新公司里的新人，没有任何资历可以作为自己的资本。其实，人生正的很多事情都需要我们做出选择，唯有更好地理智面对，才能做出明智的选择。不管别人说什么，我们都要坚定不移地相信自己的选择，这样才能走出更加开阔的人生之路。

要想与众不同，就要坚定地相信自己

如果我们总是符合大众的眼光，那么就很难变得与众不同。没有人愿意引来诧异的目光，然而，如果你想变得不同寻常，如果你想独具特色，如果你想成为最亮丽的那一抹风景，你就应该坚定不移地相信自己。很多人为了符合大多数人的欣赏眼光和审美品位，故意打磨自己的棱角，让自己变得圆润光滑。的确，这样你既不会再刺痛别人，也不会再刺痛自己。然而，你却失去了自我。

前文说过，每个人都是这个世界上最独一无二的自己。然而，坚持自己的道路是艰难而又漫长的。例如，当年哥白尼提出地球是围绕太阳转动的，几乎每个崇尚地心说的人都斥责他疯了。然而，哥白尼从未改变自己的观点，始终认为太阳才是宇宙的中心。即便历经艰苦，他最终还是推崇了真理。在这样的坚持下，他才能青史留名。其实，在生活和工作的很多方面，都必须坚持自我，坚定不移地相信自己，我们才能更好地特立独行。

相比遍地可见的失败，成功往往是凤毛麟角，因而显得无比珍贵和稀缺，也显得那么不寻常。在通往成功的道路上，也有很多成功人士是不走寻常路的。假如成功人士也与普通人一样瞻前顾后，总是想要符合大多数人的标准，只怕距离成功只会越来越远。

如今，休斯电气公司已经名列世界五百强企业之中。其实，作为休斯电气的创始人，休斯先生之所以能获得今日的成功和伟大的成就，与他的大胆创新、坚定不移是分不开的。成立之初，休斯电气就以创新为灵魂，以技术领先为贯彻始终的原则，因而才能在诸多公司中脱颖而出，成就自我。

让人们根本想不到的是，休斯先生虽然开创了休斯电气公司，但是他实际上是新闻专业的毕业生。不过，他在二十世纪初就灵敏地嗅到了美国电力工业发展的良好气息，抓住千载难逢的机会果断辞职，开始进行电气发明。当时，不管是同学、朋友，还是家人，几乎没有任何人支持他的草率决定。因为电气发明对于专业人士而言都是非常艰难的事情，更何况对于学习新闻的休斯而言呢！但是，休斯从不畏惧流言蜚语，更是承受了重重压力。也许是精诚所至，金石为开吧。在一次去朋友家里做客时，休斯吃饭时突然从美味的食物中闻到了煤油的难闻气味。原来，朋友是用当时普遍流行的煤油炉炒菜的，不小心溅了一滴煤油进菜里，导致整盘菜都完全变了味道。为此，休斯马上想道：倘若我能发明通电的炉子给人们做饭，那么菜就会变得更加清洁干净。想到这里，休斯回到家中就开始潜心研究电炉子。

自此，休斯一发而不可收拾，直到付出整整四年艰苦地研究和创新之后，他才创造出世界上的第一个电炉子。由于休斯的大力宣传，再加上电炉子的确能够避免菜里混杂着难闻的煤油味，因此销量很大。美国的很多家庭，在短短的时间内都淘汰了煤油炉，改为使用电炉子。可以说，这是一次厨房的革命。人们惊喜地发现，厨房果然更加干净清洁了，而做出来的食物味道也更加纯粹。可想而知，休斯凭借电炉子获得了巨大的成功。

如果休斯尊重大多数人的意见，不能做到果断地辞职，而是像人们所预期的那样继续从事与新闻专业有关的工作，那么整个世界的厨房革命都会迟到几年，世界上也就没有休斯电气公司的存在了。很多时候，命运的转机就在一瞬间。我们唯有抓住千载难逢的好时机，果断改变这一切，才有可能彻底改变我们的命运，成为他人眼中与众不同的佼佼者。

对于成功到来之前的创新者而言，他们总是要面对形形色色的质疑。唯有坚定不移地做自己，想尽办法成就自己的梦想，我们才有可能拥抱属于自己的成功。从此时此刻开始，如果你想要引人注目，就不要再随波逐流啦！记住，只有你才是最与众不同的，只有你的想法才能更有效率地帮助你获得成功！

质疑声中见英雄，你是强者还是弱者

在这个纷繁复杂的世界上，每天的每分每秒都在发生让人大跌眼镜的事情。当然，很多人对此已经见怪不怪了，尤其是当这些新闻距离我们很遥远时。然而，当你一旦做出任何违反常规的事情，却马上就会惊讶地发现，原来在你身边还是有很多人在关注你的。如果你超越了规矩，或者你特立独行，或者你不考虑他人感受就轻而易举地做出决定，即使你没有侵犯他人的利益，也依然会有很多人对你指手画脚，甚至对你颇具微词。这是因为，你的言行举止不符合他们心中的标准。然而，这重要吗？对于爱面子、在乎他人看法、想要得到他人认可和赞赏的人而言，这一切的确很重要。尤其是当身边的人忿忿地质疑他们时，他们一定会觉得惶惑不安。

有史以来，人们都约定俗成地认为，少数人应该服从多数人，真理也是掌握在多数人手中的。殊不知，真理往往掌握在少数人手中，而且一件事情即便有很多人去做，也未必能代表其正确性。既然如此，我们为何要在他人的质疑声中怀疑自己，否定自己，甚至是改变自己已经做出的选择呢？这一切，都毫无意义的。任何人在考虑问题的时候，总是带有一定的主观性。既然他人做不到完全的客观公正，我们也只能将他人的意见和看法作为参考，而没有必要完全执行。人，究竟是强者还是弱者，在面对强烈质疑时，更加区分明显。如果是强者，即使面对他人的质疑，一旦确定自己是对的，也依然会坚定不移地做自己。如果是弱者，则很容易在他人质疑声中忘却初衷，甚至当机立断地改变做法，顺从他人。也许，弱者恰恰就是在这个过程中与成功失之交臂。

他毕业于全国高等学府，取得了让很多学子都羡慕不已的名牌大学的文凭。然而，大学毕业之后，他并没有和大多数同学一样去四处奔波找工作，而是悄悄地回到家乡，拿起了屠刀，成为了一名卖肉的屠夫。当时距离现在有差不多十年的时间，那个时候的名牌大学毕业生含金量还是很高的。因此，当这则新闻开始流传时，几乎全国都为之震惊。对于他的选择，家人、亲人、同学和朋友，没有任何人表示理解。毕竟，找工作对他而言是轻而易举的事情。为此，很多人都质疑他是在作秀，是为了出名。与此同时，还有人指责他大材小用，与那些只上过几天小学的肉贩子抢生意。总而言之，认可他的人只占少数，大多数人都在质疑他的用心。

对此，他不以为然，依然淡定从容地做着自己想做的事情。其实，他的想法很简单：再好的工作也是为他人打工，他想自己当老板。尤其是作为接受过高等教育的年轻人，他更是坚定不移地相信自己即使卖猪肉，也能成就一番事业。如今，将近十年的时间过去了，他已然成为在全国范围内都赫赫有名的“猪肉大王”。从一个小小的猪肉摊做起，如今已经成为一百多家猪肉连锁店老板的他，从未因为自己的选择而后悔过。如今，曾经对他的攻击、怀疑和质疑已经不攻自破，他的成功证明了一切。

在这个事例中，主人公作为名牌大学的毕业生，居然在毕业之后去卖猪肉，这让很多人都百思不得其解。大多数人一定以为，要想卖猪肉，根本不用费时费力地读大学啊，即使小学毕业，也能卖猪肉。然而，他们不知道的是，起点不同，也就决定了我们人生的高度完全不同。面对质疑，空洞的解释是毫无作用的。我们只有努力地走好自己所选择的道路，才能证明自己的独到。毋庸置疑，“猪肉大王”是真正的强者。

民间有句话，叫作“一人难称百人心”。这句话的意思就是说，一个人做事情，很难让一百个人同时感到满意。其实，何止是难以让一百个人觉得满意呢，即使只有几个或者十几个人，也往往会对同一件事产生不同的想法和看法。既然如此，我们就无需因为他人的质疑而郁闷纠结，只要想好了认准了，就坚定不移地去做，这样，你一定会离成功越来越近。

第08章　与人相处不易，别让“敏感”成为障碍

现代社会，人际关系在我们的生活和工作中越来越重要。因而，除了要有超强的专业能力之外，要想玩转职场，我们必须拥有为人处世的能力。很多人都觉得与人打交道是最难的事情，其实，我们之所以觉得与人相处很难，往往是因为太敏感。如果能够成为一个“钝感”的人，不管什么事情都不会那么尖锐，那么与人相处就会变得简单很多。一旦清楚了“敏感”这个人际交往中的障碍因素，人与人之间就会变得一路坦途。

相信老祖宗说的话，吃亏真的是福

早在几千年前，老祖宗就留下警世名言：吃亏是福。这四个字简直就是大白话，无需深思也知道，是在告诉世人们遇事宁愿吃亏，也不要占便宜，因为吃亏才是赚便宜，能给我们带来莫大的福分。然而，虽然每个人都对这句话耳熟能详，真正抱着“吃亏是福”心态的人却少之又少。什么时候人们不是看到有便宜可赚就一哄而上，什么时候人们不是看到吃亏了就歇斯底里，怨声载道。如果每个人都真正做到吃亏是福，遇到利益纠葛的时候能够彼此礼让三分，这个世界一定会更多几分和平，而少几分纷争。

人的本性就是趋利避害，当大多数人的本性都如此，且又面对着共同的利益时，因此而产生的争执和纠纷就自然多了起来。对此，有大名鼎鼎的哲学家曾经说过，假如用争抢的办法，你很难得到真正的满足。只有互相谦让，彼此退步，你才有可能拥有超出预期的收获。这句话虽然寥寥数语，却道出了人与人之间相处的真谛。其实，这就是在利益面前不敏感的表现，也就是我们平日

里所说的谦让。与其为了些许的蝇头小利争得面红耳赤，撕破脸皮，不如大度一些，大方地把利益让出去，也许会有意想不到的效果。总而言之，很多得不是得，反而是很多舍才是得。

古时候，有个皇帝非常贤明，对待大臣们慷慨大方。每当有其他小国家进贡难得一见的好东西，他总是拿出来和大家分享。有一次，西域地区进攻了一批羊。为此，皇帝非常高兴，当即下令把这些羊赏赐给大臣们，每人一头。然而，当时在场的大臣们全都非常为难，因为他们不知道如何分配这些羊，这些羊个头有大有小，有的肥硕，有的干瘦。思来想去，皇帝也没有办法公平地分配这些羊，这时，有个大臣率先从人群中走出来，说："这些羊都很好，是吃着西域的青草长大的，一定都很鲜美。既然大家都不知道如何分配，就由我来带头吧。"说完，他走到羊群里，牵了一头最瘦小的羊，回家了。这时，其他大臣看到他的所作所为，也都纷纷效仿，每个人都争先恐后地牵那些瘦小的羊，也不觉得是吃亏。就这样，一群羊很快就分完了，每个人都高高兴兴的，皇帝也特别欣慰。

后来，不仅每一位同仁都对那个率先牵羊的大臣刮目相看，就连皇帝都深深地记住了他的作为。有一次，有个很高的官职突然出现空缺，皇帝第一时间就想到了这位心中无我的大臣，马上提拔了他。对此，其他大臣全都心服口服。

在这个事例中，最先牵羊的大臣虽然牵走了那头最瘦小的羊，看似吃了亏，实则却在朝廷中留下了好口碑，不但获得了其他大臣的认可和赞赏，也得到了皇帝的赏识。所以皇帝在有了高位时，第一时间就想到要提拔他，对此，其他大臣也纷纷表示拥护。从这件事情里不难看出，很多时候，舍其实就是得，有舍弃才能有得到。尤其是对于利益，如果为了蝇头小利而争执不休，只会让人看扁。与其如此，还不如大方一些，坦然一些，归根结底，吃点儿亏并不会让我们元气大伤，反而会帮助我们赢得好口碑，降服人心。

生活中很多人之所以对于吃亏特别计较，就是因为对利益太敏感了。如果能够做到心甘情愿地礼让，就一定能够皆大欢喜。这样的结局，岂不是人人都想看到的吗！

所谓孤家寡人，大多都很敏感

中国有些古话，诸如“为空琼楼玉宇，高出不胜寒”“曲高和寡”“水至清则无鱼，人至察则无徒”等。这些话都在向我们揭示一个道理，如果一个人总是过于高雅，缺乏人间的烟火气，那么就会非常寂寞。在封建社会，皇帝看似高高在上，其实是最寂寞无聊的人。很多凡人能够享受的乐趣，他因为身居高位不能去做；很多凡人间拥有的至真至诚的友情，他因为贵为天子，也无缘享受。即使是原本应该至亲的夫妻生活，也因为伴君如伴虎，导致所有的嫔妃都对他心有余悸，不敢尽情与其享受夫妻之乐。如此看来，难道皇帝不可怜吗？很多皇帝即使想听一句真话，也是求知而不得。这也难怪大臣们不敢说真话，因为万一敏感的皇帝一下子勃然大怒，他们的脑袋就保不住了，谁还愿意冒着失去生命的危险直言进谏呢？历史上没有那么多魏征，更没有那么多的唐太宗李世民。由此可见，皇帝称呼自己为寡人是有道理的，他们看似有着群臣群妃，却的的确确是孤家寡人。

现代社会，虽然已经没有所谓的真命天子，但是依然有很多人是孤家寡人。他们在生活中很少有朋友，总是对于外界怀着敏感而又警惕的态度。与他们相处，大多数人都觉得身心俱疲。别人在熟悉和了解他们之后，会情不自禁地躲着走。其实，这些现代社会的孤家寡人也是很寂寞的。那么，如何才能更好地与他人相处，并且得到真挚的友谊呢？要想改变现状，其实很简单，那就是远离敏感。大多数孤家寡人都很敏感，他们原本也有朋友，但是在总是对朋友挑三拣四，朋友就渐渐地离他们远去了。试想，生活原本就艰难而又沉重，好不容易与朋友们在一起推杯换盏，却因为不知道哪句话就得罪了对方，这样的休闲时光也太累了。因而，孤家寡人们最先要思考的不是自己为什么没有朋友，而是自己怎样才能改变敏感的坏习惯。所谓说者无心，听者有意，我们首先应该告诫自己不要对他人随口说出的话进行太过分的深思。很多情况下，人们说话是非常随意的。如果总是揪着别人无意间说出来的话不放，则未免活得太累。职场上无数事实告诉我们，当你过于敏感，你一定会失去亲和力，因为其他人都不愿意紧绷着神经与你交往。

默默今年刚刚大学毕业，长相清秀，身材窈窕，简直无可挑剔。对于这样一个各方面条件都很好、能力也很强的女孩，原本单位里一定会有很多男生暗恋她的。但是很奇怪，默默虽然已经进入公司一年多了，个人问题却毫无动静。

新来的李主管在看到默默之后，非常欣赏默默，想把侄子介绍与默默认识。侄子虽然在听到李主管介绍默默的情况之后非常感兴趣，但是才刚刚见了默默第一面，就马上向李主管告饶："姑姑啊，你就饶了我吧，我不是杨过，我可不想找一个小龙女，冷冰冰的。"李主管不明所以，侄子这才把第一次见面的情况讲给她听。

他们见面的地点是咖啡厅，不仅情调浪漫，而且消费也适中。当然，李主管的侄子在点完各人的咖啡之后，还特地点了一块巧克力慕斯给默默吃。不想，默默突然没头没脑地说："咱们之间现在就吃巧克力，为时过早了吧！"听到这句话，李主管的侄子原本对默默产生的好印象马上荡然无存。的确，巧克力是情人之间在情人节彼此互送的礼物，但是这是在咖啡馆的约会啊，点一块西式甜点不是很正常嘛，默默却如同浑身都长满了刺的刺猬一样，一下子就刺伤了人心。

李主管有些了解为什么单位里这么多的男生都没有人追求默默了，原来，默默真的是浑身长满了刺，清高孤傲，而且非常敏感。随着对默默越来越了解，李主管发现她即使平日工作中需要和同事们交流，也是非常得理不饶人的。对于默默，李主管从最初的好印象渐渐归于平淡，再后来，她甚至不太赏识这个与同事之间无法和谐相处的默默了。毕竟，作为领导，她不可能为了一棵大树而失去整片森林。

作为女孩子，身边如果没有知心的闺蜜，在办公室里也没有合得来的搭档，日子必然过得枯燥乏味。默默就是如此。即便是面对相亲的对象，她也依然那么敏感，丝毫不愿意进行任何的妥协。面对如此冰雪聪明的女孩，当真是只可远观，不可亵玩。

敏感，是人与人之间交往的最大障碍。因为敏感总会导致无中生有，也总会导致一切事情都比表现出来的更深刻或者更邪恶。倘若敏感的人都能傻乎乎地活着，一定会更加幸福快乐吧！

大智若愚，以德报怨，才能拥有好人缘

生活中，很多人得理不饶人。只要事实证明他们是对的，他们就会揪住事实不放手，非得说得他人哑口无言。对于这样的人虽然无可厚非，但是着实让人不喜欢。最终的结果就是，尽管他们占据了道理，却输得很惨。生活中哪些人能够获得好人缘呢？一定是那些吃亏了却浑然不觉，心里通达豁亮从不斤斤计较的人。常常有人抱怨自己得不到他人的真心，殊不知，唯独以真心换取真心，才能如愿以偿。

有些人是睚眦必报的，别人对他哪怕只是一丝丝的不好，他也一定要找机

会统统换回来。这样很难让人喜欢起来。归根结底，有些伤害是恶意的，有些伤害只是无心之过。对于他人的伤害，我们也要区分来看。甚至有些宽容大度的人，即使面对恶意伤害自己的人，也能做到以德报怨，如此怎能不得到他人的真心以对呢！

在七八十年代，很多国营单位都以根据工作的年限和工人的资历来分配房子的。为此，每当到了分房子的时候，很多工人都挖地三尺找关系，恨不得天天给领导家里送礼，只为了能分到满意的房子。然而，当时物资匮乏，很多资源都非常紧张，房子也不例外。因此，有很多工人家庭几代人挤在一个小小的房间里，就这么度过了大半辈子。

眼看着厂里有在统计名单准备分房了，丁师傅这次肯定能分到，为此他毫不担心。然而，和他一起进场的马师傅，却因为此前背了一个处分，这次有可能分不到房子。遗憾的是，马师傅的父亲去世了，寡母也来和他一起生活。由此一来，原本还能趁着孩子小凑合几年的一间房，再也挤不下了。马师傅愁得一天抽好几包烟，再加上他的爱人因为房子小，整天闹腾着不同意寡母在这常住，马师傅不得不提出离婚。眼看着幸福的家就要拆散了，马师傅的爱人整天寻死觅活，寡母也因为无依无靠而死活不愿意再回到农村的家。见到这一家人马上就要四分五裂，丁师傅不由得动了恻隐之心。他没有和爱人商量，就自作主张地把自己的分房名额让给了马师傅。当知道这个消息后，他的爱人也怒了："你是不是缺心眼啊！那老马，从来见不得你好，还经常在背后给你使坏，你怎么就看着他可怜了呢！况且，咱家不可怜吗？姐姐都那么大了，连自己的房间都没有，还要和弟弟睡着上下床。这可是千载难逢的好机会啊，你就这么放弃了！"虽然没到离婚的程度，但是丁师傅的爱人也着实一个多星期都没理他。

这次事情，让马师傅真正认识到丁师傅是好人。又过了几年，厂里再次分房，因为形势变化，也因为丁师傅此时资历更深，工龄更长，再配合新政策，居然分到了一套三居室。原本几年前让给马师傅那次，他只能分一套两居室。这下子，丁师傅的爱人笑得像朵花儿一样，开开心心地搬进了新房子。

如果丁师傅自私一些，不把分房的机会让给马师傅，那么这次也就与分房的新政策无缘了，当然不可能多分得一居室。如今，他们家的住房问题彻底解决了，而且还得到了马师傅这个好朋友。现在，马师傅一家和丁师傅一家，好得简直就像一家人呢！

西方有句谚语，赠人玫瑰，手有余香。在帮助他人时，虽然我们根本没有奢求得到他人的回报，但是手中玫瑰的香味却让我们尽享芬芳。同样的道理，以德报怨的人根本不是为了得到回报，然而他们的宽容与大度，一定会让他们在生活中得到更多的感悟和快乐。看似我们以德报怨，因为大智若愚吃了亏，实际上，我们收获了真诚的友谊，也得到了更好的人缘，这同时也意味着更多的机会。

设身处地，才能打开他人的心扉

在形容好朋友或者夫妻之间合拍时，人们常用“志同道合”这个词语。这个词语的意思是，彼此之间理想、志趣相投，不管做什么事情都能不谋而合，也能最大限度地配合对方。与此恰恰相反的是，有些人在一起不但说话说不到一起去，做起事情来更是南辕北辙。这样的人，既不能当朋友，更不可能成为幸福的夫妻。生活，总是面临着多种多样的选择，无数的事情在抉择之前，都必须首先做出决定。为此，我们必须与对方达成一致，才能进行更深的一步。其实，不仅仅是好朋友或者夫妻之间需要理解和契合，即便是作为陌生人，或者是普通的同事等关系，我们也经常需要与对方合作。由此一来，我们应该学会培养和他人之间的默契，用贴心的言行举止打开对方的心扉。这样，我们的人际关系才能更加顺遂通达。

那么，如何了解他人并且打开他人的心扉呢？同理心。在心理学范畴内，所谓同理心，其实就是设身处地地为他人着想，站在他人的角度思考和考虑问题。从感情的角度来说，以同理心对待他人的人，会与他人产生共鸣，从而彼此之间更加理解、体贴，也更心意相通。为了研究同理心对人际关系的影响，心理学家曾经专门进行了一项实验。即把一组条件相似的男孩安排在一间宿舍里同住，再把一组条件相差很多的男孩放在一间宿舍里同住。最终发现，条件相似的男孩们之间相处非常和谐融洽，友情急剧升温。而另外那组条件相差很多的男孩呢，则彼此隔阂很深，误解难以消除。这就是同理心的强大作用。在条件相似的那组男孩中，他们的很多观念以及家庭背景、教育经历等都非常相似，因而很容易理解和接纳彼此，感情也很快产生共鸣。与此相反，条件相差很多的那组男孩则大不相同。他们没有共同的生活经历和教育背景，看到很多事情的观点和角度也截然不同，因而他们之间很难产生感情的共鸣，也就没有同理心。

很多时候，我们自以为了解他人，其实并非如此。作为一个外人，即使再怎么设身处地，也是无法真正站在他人的角度上来考虑问题的。即便如此，我们依然要尽量设身处地地了解他人，以自己有限的生活经验，做到无限地贴近他人的生活和感情。唯有如此，我们才能真正走进他人的心里，打开他人的心扉。

作为一名房地产经纪人，盼盼几乎每天都在和形形色色的客户打交道。让大家感到非常惊讶的是，虽然盼盼年纪不大，但是不管是老少客户，她都能马上和对方打成一片。有段时间，盼盼带了一个老大娘看房。这个老大娘很难说话，但是唯独对盼盼言听计从，同事们都非常不解。有一天，盼盼带着老大娘看完房子回到店里，给老大娘倒了一杯温水，笑着说："大娘，您就喝温水吧。我们店里的孩子们都爱喝冰的，但是冰的对年纪大的人不好，不利于养胃，也容易冰到您。温的，好吧？”老大娘感激地看着盼盼，说：“你这个闺女真贴心。”后来，谈起当天看的几套房子是否适合居住，盼盼体贴地说：“大娘，我是建议您选择咱们最后看的这一套的。您看，你就一个闺女，闺女全家难免会来您这里探望您，也许还会留宿。我觉得这最后一套房子，两个朝南的卧室分列客厅两侧，我们叫眼镜房，很形象吧？这样呢，两个卧室相聚比较远，而且其中一间自带卫生间，另外一间紧挨着客卫。我觉得尤其适合一家三代人居住。北面的小房间，既可以做书房，可以做儿童房，都很合适。”听了盼盼的分析，大娘连连点头，说：“你这个丫头，你妈妈可真有福气哦！很多问题，我这个买房的还没想到，你就已经考虑周全了。就听你的，就定这最后一套，你帮我约房主吧！”

就这样，因为设身处地地为老大娘着想，盼盼不但赢得了老大娘的心，还赢得了老大娘的信任。同事们看到盼盼的神速开单，不由得佩服得五体投地。其实，盼盼在单位里对待同事们也是非常用心和体贴的。每次不管做什么事情，她都能主动为同事着想，因而得到了大家的一致好评。

曾经有位名人说，世界上没有完全相同的两片树叶。的确，同样的道理，世界上也没有完全相同的两个人。然而，同为树叶，或者是同为人，彼此之间依然是存在很多共同点的。要想设身处地地为他人着想，我们就要努力找出彼此之间的共同点，尤其是要以共同的经历和情感，与对方产生同理心。

人的性格、兴趣爱好、生活经验和阅历、人生理想和志趣等等，很多方面都会存在异同。我们唯有以细致入微地心去发现这些共同点，才能更加敏感地体察对方的心理，打开对方的心扉。即使存在琐碎的不同，也没有必要因此过分敏感，因为同是用心找到的，不同才是理所当然应该存在的。

有理声高，也很容易招致人们的反感

民间有句俗话，有理不在声高。这句话的本意是告诉人们，即使占据有理的一方，也不要得理不饶人，咄咄逼人，否则一定会导致事与愿违的结果。然而，现实生活中依然有很多人得理不饶人，有理没理都声高，导致人际关系急速恶化，很多事情都闹得无法收场。

其实，人都是很爱面子的，尤其是中国国情内的熟人之间，就更讲究面子。倘若你因为有理，就始终揪着对方不放，而且把对方训斥得体无完肤，那么对方一定会从愧疚到愤怒，最终甚至与你反目成仇。待人处世，固然要讲究“占理”，但是这并不是我们肆无忌惮指责他人的理由。敏感的人无法做到心中释然，他们一旦占据道理，或者是因为对方的一些言行无法让他们感到满意，他们马上就会对此耿耿于怀，根本无法做到坦然淡定。由此一来，人际关系可想而知。很多时候，我们与其理直气壮地训斥他人，不如有理却气和，彬彬有礼地与对方交涉，做到有礼有节有据，这样才能让对方心服口服。

小娜大学毕业后，和校友马燕合租一套两居室。然而，在住了一个多月之后，小娜就开始忿忿不平起来。原来，小娜在大学期间住宿舍的时候，和舍友们定了一个规矩，即每人轮流值日，谁也不许偷懒。当时，他们都吃食堂，宿舍也不允许做饭，因而所谓的打扫卫生无非是扫地、拖地、擦桌子。如今，她们已经步入工作岗位，由于总是在外面餐馆吃饭不但成本高，而且很容易闹肚子，根本不够卫生。为此，小娜和马燕都开始学着自己做饭。由此一来，矛盾产生了。现在的两室一厅，打扫卫生是很麻烦的。尤其是卫生间和厨房。因为都是女生，洗澡之后卫生间的下水道处总是缠着一团团的头发，导致下水不畅。厨房里呢，做晚饭之后的油污，也需要及时清理。刚开始时，她们洗完澡、做完饭后还能及时清理，等到后来，就越来越马虎。尤其是马燕，常常把吃完饭的碗盘堆放在水池里。如此一来，等到小娜想做饭时，就不得不替马燕刷那些脏兮兮的晚盘。一次两次三次……小娜对马燕的意见越来越大，恨不得狠狠地训斥马燕一顿。

终于在一个周末，小娜看着堆满水池的碗盘，气鼓鼓地把正在睡觉的马燕叫起来，一通训斥：“马燕，咱们是舍友吧。你承认我不是你的保姆吧。但是你看看，我是怎么和你共用这一个宿舍的，我几乎每次做饭前都要帮你刷碗，卫生间的下水口总是堵塞着你的长头发。为什么你就不能及时打扫自己的战场呢，我有义务帮你打扫吗？”睡眼惺忪的马燕，过了很长时间才意识到小娜为什么这么生气。她马上道歉：“对不起，小娜。我这就起床去收拾。实在对不起，我的确常常偷懒。以后，我一定多多改正，再也不犯这样的错误。”然而，小娜依然不依不饶，也许是因为生气，她的声调也越来越高：“对你这种人，我真是无语了。从搬进来的第一天开始，我就在忍耐你。做人，人品一定要好，不能总是想着占别人的便宜。”听到小娜说到这里，马燕的脸色突然变了：“小娜，我只是生活习惯不好，与人品有关系吗？而且，我已经道歉了，你还想怎样？如果你觉得住在这里太委屈了，那你尽可以搬走，没有人强留你。”就这样，马燕也生气起来。小娜最终没有继续住在这个家里了。

小娜原本是占据道理的一方，却因为没有做到有理而气和，导致以大嗓门和难以控制的怒气以及口不择言的表达方式，最终惹恼了诚心道歉的马燕。其实，人非圣贤，孰能无过呢！尤其是作为同在一个屋檐下生活的两个陌生人，很多生活习惯都需要慢慢磨合。倘若小娜能够意识到这一点，不要那么敏感地得理不饶人，也就不会发生这一场不愉快了。

察言观色委婉说话，才能有礼有节

中国是一个讲究礼俗的国家，尤其是人际交往的过程中，尤其要重视礼貌和尊重。而且，因为传统习俗很多，所以中国在很多节庆的日子里，还有很多的禁忌。为此，不管什么时候，我们都要特别注重礼节，避开忌讳的话语，也要学会察言观色，委婉表达自己的心意，这样才能做到礼节周全，不至于得罪他人。

很多时候，因为场合不同，同样的话会产生不同的效果。或者面对的交流对象不同，我们也应该有选择地说些吉利的话。举个最简单的例子，对于年轻的恋人之间，送情侣表是很时兴的事情。但是对于过寿的长辈，不管是手表还是送挂钟，都有送钟之意，是不可以的。再如，平日里如果打碎了碗，人们一定会觉得心疼。但是如果恰逢过年的好日子，即使孩子不小心打碎了碗，大人也不会发怒，反而会忙不迭地说“碎碎（岁岁）平安”，以取得一年的好彩头。这就是环境对于语言的细微要求。人，是这个世界上最复杂的生物，感情细腻，心思缜密。因而，人们渐渐意识到，与人打交道其实是最难的事情。为此，在人际交往的过程中，因为我们对人际交往的对方不熟悉不了解，也不清楚其经历，所以必须做到察言观色，才能尽量少犯错误，礼貌周全。

作为英国著名的女王，维多利亚女王备受国人瞩目。她不但精于对国家的管理，而且和丈夫阿尔伯特亲王恩爱有加。不过，即便贵为女王，他们夫妻之间的生活也如大多数寻常夫妻那样，经常发生争执，也会为一些鸡毛蒜皮的小事情吵架。

有一次，女王和丈夫不知道为什么又闹起了别扭。女王怒火中烧，一气之下摔门离开了卧室。等到静心思考之后，女王意识到事情其实没什么大不了的，因而准备回到卧室与丈夫和解。她轻轻地敲门，丈夫问：“是谁？”女王趾高气昂地说：“维多利亚女王。”丈夫一声不吭，任凭女王再怎么敲门，都不回答。又过了一会儿，女王继续敲门。丈夫又问：“谁？”女王想了想，说：“维多利亚。”不想，丈夫依然默不做声，还是不来开门。女王离开卧室门口，回到客厅静思。思来想去，她仿佛意识到是怎么回事了。因此，她第三次回到卧室门口，轻轻地敲门。丈夫问：“谁？”“亲爱的，我是你的妻子。”女王温柔地回到道，“请你把门打开，好吗？”女王的话音刚落，丈夫就微笑着打开门，把她拥入怀中。

虽然这个事例非常简单，只有三次问答，但是却告诉我们，即使是高高在上的女王陛下，在丈夫面前也必须安守妻子的本分，像所有平凡而又普通的妻子一样，给予丈夫足够的爱和尊重。也许在国会之中，维多利亚是所有人的主宰，是一国之君王，但是当她来到丈夫面前，她就必须是温柔的娇妻，要会和丈夫撒娇，会向丈夫低头，才能保持家庭生活的和睦与幸福。

人际交往中，如果我们不分时间、地点和场合，总是随心所欲地说话，那么就会无形中得罪他人，招致他人的反感。古人云：“酒逢知己千杯少，话不投机半句多。”人和人之间要想和睦相处，就必须投缘。这种缘分，既是天生的，也是我们后天精心营造出来的。与他人交谈，只要不涉及原则性问题，就一定要察言观色，把话说到他人的心里去。同时还要注意必须给足他人面子，才能做到友好相处，礼节周到。

有的时候，人生的确难得糊涂

《汉书》中记载：“水至清则无鱼，人至察则无徒。”这句话的意思是告诉我们，水如果过于清澈，就会因为缺乏养分，导致鱼儿活活被饿死。人如果总是明察秋毫，对人太过苛求，也会导致他们失去朋友。归根结底，人不能过于敏感和苛刻，只有眼睛里能够揉得进沙子，才能拥有好人缘。

郑板桥曾经说过，人生难得糊涂。的确，聪明和充满智慧能够使人拥有明智犀利的人生，但是却无形中失去了人生的很多快乐。和机智灵敏相比，糊涂的人生更加快乐和顺遂。纵观古今中外，大凡能够成就伟业的人，无一不是胸怀天下、大智若愚的。生活中，总有些人格局太小，喜欢盯着那些鸡毛蒜皮的小事使劲。殊不知，只有把人生的格局放大，才可能心怀天下，也才能成就一番大事业。即使是作为普通人，只要胸怀广大，也能够视野开阔，不会为了些许小事无事生非。糊涂的人生，虽然有时候会吃亏，虽然有时候错过了很多利益，但是却因此收获了更多的友谊。糊涂的人从来不苛求他人，虽然他们自己有着一套人生的准则，却不强求他人和自己一样。的确，每个人的观点都是不同的，我们要想尊重他人，首先要尊重他人的为人处世的方式。总而言之，必须做到开阔大度，才能拥有达观的人生。

嘉禾有三个哥哥、一个姐姐，还有一个弟弟。嘉禾所在的家庭，是一个大家庭。眼看着父母渐渐老去，父母的老宅子又正好面临拆迁，嘉禾和诸多兄弟姐妹的心里都突然有了一笔账。父母的财产，是所有兄弟姐妹的，然而如何分配房产和拆迁补偿款，却成了一个难题。首先，拆迁补偿款还是比较好分的，可以平均分配，但是父母尚且健在，父母的养老问题，也是必须考虑的。其次，就是房产分配的问题。父母和六个兄弟姐妹一共有七家人，但是房子只有四套。房子如果卖掉分钱，显然是不经济的。但是留下来的话，又不知道如何均分。看到父母为难的样子，嘉禾在家庭会议上当即表态，我有一套小公寓，我不要房子，留给需要的兄弟姐妹吧。

看到年纪很小的嘉禾居然如此宽容大度，其他兄弟姐妹也不好意思争得你死我活了。因为最小的弟弟还未成家，所以把最大的四居室留给父母和小弟弟一起生活居住。姐姐和另外一个哥哥，家里也有很宽敞的大房子。在看到嘉禾主动放弃房产之后，他们也纷纷表态不要房子。后来，另外两个哥哥每人分到一套房子，还多余的一套房子则暂时出租，供给小弟弟读大学的费用，这样父母的退休金可以全部用来养老，提高生活质量。对于这样的结局，虽然说不上皆大欢喜，但是至少没有像其他人家那样闹得鸡飞狗跳。父母感激地对嘉禾说：“嘉禾，谢谢你，给诸多兄弟姐妹带了个好头，才能顺利解决这个问题，保持家庭的和睦。”虽然嘉禾失去了半套房子，但是却赢得了兄弟姐妹的和睦相处，也为父母解决了心腹大患。这样一来，嘉禾觉得很值得。

随着城市化进程的大力推进，无数的家庭因为拆迁所得钱、房的问题，起了不尽的纠纷。为此兄弟反目、大打出手的情况，也屡见不鲜。难道我们在曾经赖以生存的亲情在金钱和物质面前，就变得如此不堪一击吗？看到此情此景，最伤心难过的就是父母了。嘉禾很理性，他看似糊涂地率先放弃对利益的争取，实际上是一举数得。任何时候，人都比钱更重要。任何时候，亲情都比房子更重要。想明白这一点，我们就不会觉得嘉禾糊涂啦。恰恰相反，嘉禾是活得最明白的一个。

人们常说，退一步海阔天空。的确，生活中常常出现这样的时刻，进一步就会导致彼此之间寸步不让，唯有退后一步，才能让一切事情迎刃而解，大家彼此之间做到真心真意的互相谦让。

第09章　去获取幸福，是你所能做的最大努力

每个人都是这个社会的成员之一，当我们能力有限不能拯救全人类时，我们唯一所能做的就是帮助自己获取幸福。如果每一个社会的个体都能幸福，那么整个社会也会变得更加稳定和谐，安定团结。心怀高远当然是每个人的所望，然而，保证自己获得幸福，更是切实可行的事情。

对自己怀着同情，你才能接纳自己

生活中，我们已经习惯了同情他人，却淡忘了也需要同情自己。归根结底，命运掌握在我们自己的手中，除了我们自己，没有人能够给予我们真正的快乐和幸福。假如你曾经在生活中失去了自我的觉醒，不如从现在开始更多地关注自己吧！当你更多地把注意力集中在自己身上，你就渐渐变得更加快乐宁静。尤其是对于很多生活在困苦中的人而言，同情自己，更容易让你接纳自己，从而避免痛苦地挣扎，坦然面对和接受一切命运的馈赠。

很多时候，我们陷入生活的混乱之中，不知道应该怎么做，才能帮助自己摆脱这一切。其实，这一切无需刻意摆脱，因为它们恰恰就如你生命的一部分，理应在那个时刻那种情境下出现。从现在开始，同情自己吧。同情自己，能够帮助你接纳自己，能够帮助你更好地面对自己的缺点和优点。

艾米是个非常胖的女孩子。从小她就肥嘟嘟地惹人喜爱，然而，在长大之后，她因为失恋暴饮暴食，居然变得肥硕起来。如此一来，就不是可爱，而是可憎了。艾米很讨厌自己肥胖的身体，那些漂亮的裙子总是让她更加憎恶自

己。她也很想变瘦，甚至因为过度节食得了厌食症，眼看着生命都受到威胁。看到艾米糟糕的状况，父母都担心极了。他们不知道如何安慰和开导她，更不知道如何帮助她。

直到加入了胖妹妹俱乐部，艾米才渐渐变得快乐起来。在心理老师的指导下，胖妹妹们不再因为自己肥硕的身材而苦恼，而是能够坦然接受。当忽视身材上的缺陷时，她们突然发现生活是那么美好。当然了，因为不再纠结于身材，所以她们的身体也不再因为心理压抑而强烈反弹。她们开始快乐地减肥，适当运动，适当节食，体重居然有了小幅度下降。有些胖妹妹看着不再蹭蹭涨高的体重，虽然没有瘦下来，但是依然觉得很快乐。这就是接受的魅力。

在这个事例中，一定有很多胖妹妹和艾米一样，为了自己的体重苦恼，甚至采取恶劣的手段节食或者减肥。如此一来，她们必然失去自我，整日活得战战兢兢。殊不知，这样的状态对身体健康是特别不好的。任何人，只有怀着平静淡然的心态，才能更好地面对自己和他人。与其没有意义地苦恼着，我们不如坦然接受自己，同情自己，发自内心地珍视自己，这样才能更好地成就自己。

每个人都有缺点和优点，慈爱和同情绝不仅仅只针对他人。我们必须更好地面对自己，同情自己，才能怀着仁爱的人对待他人。试想，如果一个人从心底里反感自己，又如何能够保证自己获得幸福呢？！生活，不需要怨恨和愤懑，只有饱含着爱，才能让自己都归于平静。假如你此刻也正处于痛苦之中，而且这痛苦的根源恰恰是你自身，那么你不如振作起来，勇敢地面对和坦然接纳自己吧。只要你做到了，就一定会有惊喜的发现。

不要过于苛责自己，否则就会疏远灵魂

遵循古代先哲的训诫“严于律己，宽以待人”，我们总是宽容地对待他人，严苛地对待自己。的确如此，稍微有点儿自觉性的人都会这么做，当然除了那些极少数与此背道而驰的人。也因为如此，大多数人都活得很辛苦。同样的错误，别人犯了，我们选择宽容大度地原谅他们，自己犯了，我们却总是不停地反省和责备自己，恨不得一切都能重新来过。

其实古代的先哲说得没错，中国人向来讲究修身养性，苛责自己也是其中的一种。又因为特别爱面子，即便别人的错误触犯了你小小的利益，除非万不得已也是不想追究的。如果自己犯了错误则不同了，倘若不严苛起来，似乎对不起旁人。这一点，非常贤明地表现在对孩子的教育问题上。对他人家的孩子，一定是宽和友爱的。尤其是当朋友家的孩子来到你家里做客时，原本你为孩子制定的各种限制的条条框框，转瞬之间全部失效。如此一来，孩子难免惶惑，为什么爸爸妈妈对我这么严苛，对于他人却总是很宽和呢？连规矩都抛之脑后了。其实，不仅仅孩子会觉得困惑，我们自己也常常因为这种不公平的待遇，感到疑惑不解。其实，现代社会人们更讲究平等，也不喜欢客套的虚伪。如果终有一天能够做到真正的平等相待，一定会让人觉得更加和谐统一。否则，我们的灵魂一定会渐渐与我们疏远，因为那份不平。

这次事件，其实并不是乔治的责任。然而，他依然感到深深的遗憾。原本，这份文件是上司交给乔治完成的，但是恰逢乔治两岁的孩子出幼儿急疹，因此他只得急急忙忙赶往医院，便把工作交给杜丽完成。

以往，杜丽在工作上的表现一直很好。然而，这次不知道为什么，也许是因为其他事情分心了吧，杜丽居然把这份至关重要的文件中一个非常重要的数据搞错了。因为任务是紧急加班完成的，所以杜丽检查的时候也大意了，没有发现。当这份文件到达客户手中时，客户一眼就看到了这个致命的错误。他们没有选择原谅，而是当即终止了与公司的一切合作。即便杜丽和乔治几次三番找到客户方的负责人解释，都于事无补。看到公司失去了这么稳定的一个大客户，乔治简直肠子都悔青了。他不停地想：如果那天在陪孩子去医院之后，回到家里加班做文件，也许就不会出现这样的错误，更不会连累杜丽被停职了。如今，杜丽因为帮他做文件的缘故，犯了如此严重的错误，被公司停职，简直太遗憾了。尽管乔治几次找到上司主动承担责任，但是上司的态度非常坚决：一切理由都不是杜丽工作中出现失误的借口。乔治懊悔不已，居然因此而郁郁寡欢。此后的工作中，他产生了严重的心理阴影，再也不敢让其他同事代劳完成工作了。乔治知道，自己对于自己的苛刻责备，远远比杜丽受到的停职处分更严重，更难以忘怀。

乔治对自己很严苛。其实上司说的是对的，既然杜丽当时答应帮助乔治完成文件，就意味着她愿意为此负责。然而，最终的结果却是乔治不愿意面对的。现在的乔治，更多地关注杜丽的职业生涯，而不是自己的得失。也正因为如此，他始终愧疚不安，甚至因此再也不敢让同事帮忙代劳工作。这样持续的责备，让乔治疏远了自己的灵魂，变得对自己也半信半疑起来。

生活和工作中，我们难免会遇到各种各样的情况。唯有选择正确地态度面对，适度地批评和责备自己，而不要让自己一味地沉浸在痛苦之中，才能尽早解脱，不再郁郁寡欢。所谓凡事都有度，我们必须在宽以待人的同时，也宽容地对待自己。否则，当自己不快乐的时候，我们还如何给他人带来快乐呢？

和自己较劲，人生一直都是拧着的

人为什么总是陷入痛苦之中？很多时候是客观外界不能如意导致的焦灼不

安，很多时候是命运多舛导致的灾难接踵而至，也有很多时候只是因为我们自己与自己较劲，不愿意放开自己。人，为什么会与自己过不去呢？这是因为人们心中的欲望太多，但是能力却往往达不到满足欲望的程度。古人云，天时地利人和，由此可见要想做成一件事情，需要诸多方面的条件都齐备。然而，人们往往没有这样的好运，不是这个方面欠缺一些，就是那个方面的时机还未成熟。长此以往，人生就变成拧巴着的了。因此，人也总是痛苦，远离了快乐与幸福。

人的痛苦，像是人有七情六欲一样，是生命中再正常不过的事情。也正因为如此，我们才要让自我同情的意识觉醒，这样才能帮助自己及早地摆脱痛苦，回归快乐。从本性的角度来说，每个人都趋利避害，每个人都想远离痛苦，得到快乐。我们从呱呱坠地开始就急迫地寻找母亲甘甜的乳汁，我们在很小的时候就纠缠着父母想要得到心仪的玩具，我们像是求偶的鸳鸯那样急切地想要找到人生最合适的另一半，这一切，其实都是我们心底里对快乐的渴望的表现。如果你真正想要做到自我同情，释放自己，那么就不要再强求自己。所谓的欲望，其实只是更深层次想要快乐的渴望。如果因为欲望不能得到满足而陷入痛苦，那么这样的欲望不要也罢。归根结底，人生就处于不断地产生欲望和满足欲望的过程中，唯有不再与自己过不去，我们才能得到真正的快乐。

在和前夫离婚后，她的人生一直都是拧巴的。前夫和她离婚的理由，是她太较真，也不够温柔，更不懂得体贴。然而，事实是，前夫在刚刚和她离婚之后，就与比他小十几岁的年轻女友一起去度假了。对此，她无言以对，但是心里却暗暗憋着一股劲，一定也要找个年轻的男友，气死前夫；一定要过得比前夫更加潇洒快乐，绝对不能输给他。

正是在这种想法的影响下，虽然身边的亲戚朋友接连给她介绍了好几个条件相当的对象，但是都被她拒绝了。其中有个中年男士是某小学的校长，中年丧妻，人品好，品行正，与她真是天造地设。但是，她就是不同意。无奈之下，亲戚朋友都放弃了，任由她自己折腾。没过多久，她果然给自己物色了一个小男友。这个二十多岁的大男孩是一家健身馆的健身教练，家在遥远偏僻的山村，独自一人在这里打工。当看到这个大男孩浑身硬朗的肌肉时，她似乎想象到当自己把新男友带到前夫面前时，前夫是多么地震惊。然而，交往一段时间后，她发现这个大男孩只是看上了她殷实的家底和稳定的居所。很快，这个大男孩就主动搬来与她同住，不但吃她的用她的，还经常向她要零花钱。此时的她意识到不对劲，因而想要提出分手，却被他拍了裸照，并且勒索十万元钱。她简直快要崩溃了，但是这么丢人的事情又无处可说。就这样，和前夫离婚时分到的十万元钱，孩子都没用一分，就被她乖乖地拿出来给了那个占尽他便宜的大男孩。她懊悔不已，恨不得找个地缝钻进去。在痛定思痛之后，她终于决定不再和自己较劲，也不再和前夫非要争个高下。她找到此前热心地为她介绍对象的亲戚朋友，拜托他们为她找一个安稳可靠的男人。这么相通之后，她突然就不恨前夫了，也不再与自己较劲。人生，突然就顺遂起来。一年多之后，她与那个学校的校长结了婚，居然再次感受到热恋的冲动和新婚的幸福。她，非常满足。

事例中的主人公，因为被前夫抛弃，总是耿耿于怀，不知不觉中不但要和前夫一较高下，而且还与自己较劲。如此一来，她的整个人生都拧巴了。原本好好的日子没法过了，不管做什么事情都想着向前夫报仇雪恨，甚至为此找了一个比自己小十几岁的男朋友。如此荒唐的事情，如果不是因为与自己较劲，她是肯定做不出来的。直到事情发展到不可收拾，她才幡然悔悟。幸好，一切都还来得及。她还来得及好好找个合适的人谈恋爱，也还来得及重新走入婚姻，享受爱情的滋润。当她放开了仇恨，放开了自己，人生突然间变得豁达，她再也不用承受痛苦了。

为什么痛苦，每个人一定都有自己的苦衷。然而，不管痛苦的原因是什么，我们都要努力淡化对他人的憎恨，同时也放开自己。与自己较劲的人生，注定是别扭而又拧巴的，最终伤害的也是我们自己。因此，从现在开始，让我们宽容对待这个世界吧！尤其要充满同情地对待自己，疼惜自己！

帮助别人前，首先要保全自己

自从几十年前提倡学习雷锋、赖宁等的精神之后，整个社会助人为乐的精神就得到了大力的发扬。的确，助人为乐是没有错的。然而，无论在多么狂热的热情的鼓舞下，我们做任何事情都要保持理智。曾经，有几名刚刚大学毕业的大学生，为了救人失去了自己宝贵的生命，当然，人也是没有救出来的。在这种情况下，人们展开了激烈的讨论：在不能自保的情况下，到底应不应该奋不顾身的救人？这种行为是否值得，又是否应该提倡？人们自然而然地分成两个极端的阵营，一个阵营说应该救人，救人时完全不能权衡利弊；另一个阵营说，即使救人，也应该先求得自保，否则不但没有救得了别人，反而还把自己也搭进去了，实在是不值得。尽管感情告诉我们救人于水火中时是无暇理智思考的，处于人道主义的角度也是不应该权衡利弊的，但是正确的答案是，要想救人，首先应该衡量自己的能力能否达到救人的水平，能够在保全自己的情况下力所能及地做好事。这才是真正理智的态度。

我们的确应该帮助他人，但是更应该顾全自己。每年夏天都有很多人溺水而亡，有一部分人是为了救人才溺水的。你所应该知道的是，寸有所长，尺有所短。你不能盲目地自信，而应该综合考察和衡量自身的能力。尤其是在日常生活中，我们当然应该帮助他人，不过这种帮助不能是毫不计较的。我们应该首先给自己加油，然后才能开足马力帮助他人。对于自我的这种需要的满足，在西方国家是更为大方的。而在中国，如果为了自己而拒绝他人的求助，似乎是多么不光彩的行为一样。实际上，首先满足自己的需求，再去帮助别人，这是无可厚非的。

李曼是个非常善良的女孩，也很热心。在公司里，她几乎对每个同事都有求必应，对于同事拜托帮忙的工作，她即使加班，也会尽心尽力地完成。然而，李曼其实是个“滥好人”。原本，李曼并没有意识到这一点，直到上司因为她没有按时完成工作冲她歇斯底里时，她才知道自己的好太没有原则了。

昨天，有个同事因为要与女朋友约会，把还没有做完的文件交给李曼代为完成。李曼虽然自己也还有一份文件没做，但是看到同事火急火燎地赶着去约会，便应承下来。不过，这份文件并非像同事所说的那样半个小时就能完成，李曼足足做了一个半小时才疲劳地下班，这时她已经完全把自己分内的那份文件忘记了。今天早晨，上司找到李曼要文件，李曼才如梦初醒，嗫嚅着说：“对不起，主任，我昨天加班一个半小时帮张彤做文件，结果做完之后忘记了这份文件。我现在就做，行不行？”上司气得七窍生烟：“李曼啊，李曼，这样的事情发生过不止一次了吧！你以为你是谁，你是救世主吗？如果这整个公司里你李曼能大包大揽，那我们把其他人都辞掉好了，就雇佣你一个人。你觉得你是在帮助同事，乐于助人吗？我现在告诉你，你就是个滥好人。你连自己的工作都做不好，有什么脸面给其他同事帮忙？我最后一次警告你，如果再随便地帮其他班同事完成工作，那你就走人吧！我不希望你的滥好人行为，扰乱其他同事正常的工作秩序。”上司的一席话，让李曼愣住了。她不知道自己帮助同事为什么给上司留下如此恶劣的印象，但是又隐约觉得上司说的话是有道理的。后来，李曼特意向一位职场上的前辈请教这个问题，前辈毫不犹豫地肯定了上司的做法，并且告诫李曼一定要马上改正错误。

作为职场人士，如果不能完成自己的分内之事，却因为碍于面子，总是帮同事处理各种繁杂事物，那么上司当然会抓狂。这就像是救人，不会游泳的人下河救人，虽然悲壮，却很危险。工作中也是如此，如果自己能力尚且不及，又何必要勉强地帮助他人呢？这简直就是本末倒置。

任何时候，在帮助他人之前，我们都要衡量自己的能力，尽力保全自己。倘若不能做到保全自己，又没有能力给予别人切实有效的帮助，只能说是赔了夫人又折兵。

接纳伤痛，你才能拥有爱与宽容

每个人在人生之中，都难免会遇到伤痛。这些伤痛，或者是意外导致，或者是人为所致，总而言之，都使我们尝尽生命的苦楚。面对伤痛，有些人选择永不遗忘，就像祥林嫂那样每日喋喋不休，起初还能博得他人的同情，最终却让别人对她都避之不及。有些人呢，选择麻木地对待，不去想，也不去回忆，任由时间的长河把自己带向任何地方。真正积极的方式，是接纳和拥抱伤痛。只有当你从内心深处真正地接纳伤痛时，你才会拥有爱与宽容的力量。否则，你的心就会像是一扇紧紧关闭的大门，虽然外面的伤痛攻不进去，但是里面的伤痛也永远消散不出来。

小曼是个命运非常悲惨的女孩，到现在为止，原本拥有幸福婚姻生活的她，都不知道自己的丈夫和儿子为什么在一夜之间凭空消失。与女儿相依为命的她，整日以泪洗面，活在对儿子痛苦的思念之中。她满腔愤恨，却不知道向谁发作。让她无法释怀的是，她不知道丈夫为何突然间带着儿子离开她和女儿，还把家里所有的财产都转移走了。这对于曾经享受幸福的主妇而言，打击是致命的。

小曼带着女儿艰难地生活，曾经衣食无忧的她，整日专心伺候丈夫和孩子，早已失去了一技之长。为此，她甚至不得不去医院给那些危重病人当护工，这样才能勉强养活孩子。转眼之间，小曼已经和女儿相依为命三年了。在这三年的时间里，小曼从未放弃过寻找儿子。也因为在医院里看透了生老病死，她也渐渐地不再怨恨不辞而别的丈夫。一个偶然的机会，朋友在澳门看到了小曼的丈夫。小曼马上停下工作，飞赴澳门。果然，丈夫是带着儿子一起在澳门生活。小曼的眼睛里已经没有眼泪了，她平静地起诉丈夫，要争夺儿子的抚养权。然而，在即将开庭的那天早晨，小曼在等候大厅与丈夫见了面。也许是因为情绪激动吧，她的丈夫居然突然昏死过去。原来，他是心脏病发作，小曼从来不知道他有心脏病。看着眼前这个扬言让自己永远得不到儿子和财产的男人，此刻他正命悬一线，小曼几乎毫不犹豫地用自己在医院工作这几年学到的经验，当即对他进行人工呼吸，抢救他的生命。当救护车呼啸而至时，丈夫已经恢复了生命体征。当他从昏迷中清醒过来，得知当时是小曼不计前嫌地救了他的命时，不由得惭愧不已。原来，他当年之所以偷偷地离开小曼和女儿，正是担心自己患了心脏病之后有朝一日离开人世，小曼会得到他所有的财产和子女。对于这样的一个男人，小曼也不憎恨。眼看着再次开庭的日子在即，丈夫主动请求法庭取消开庭，因为他已经决定把儿子和一切的家产都还给小曼。得知这个消息，小曼泪如雨下。

对于这样一个自私的丈夫，小曼一定恨过，然而，时间抹平了她的创伤，让她再见丈夫时不爱，亦无恨。人生苦短，每个人都有私心，出于私心做出的很多不理智和无情的事情，也不再那么让人难以接受了。小曼在与女儿相依为命艰难生存的几年里，已经真正地接纳了创伤，也学会了原谅。正是因为她无私忘我的举动，才使她的丈夫幡然悔悟，不但把儿子还给了她，还把自己曾经偷偷转移的夫妻共同财产也还给了她。面对这样的结局，小曼泪如雨下。其实，正是她的宽容和谅解才使她得到的最好结局。

每个人的人生都会伴随伤痛，我们与其对伤痛念念不忘，让其像一根刺一样深深地扎在我们的心里，不如真正地接纳伤痛。因为唯有如此，才能消融伤痛，让我们得到爱与宽容的回报。

消除心底的焦虑，你才能看到人生的彩虹

人们活着难免会感到焦虑。不管是生活中的琐碎小事，还是工作中事关前途和命运的大转折，一切都让我们斤斤计较的、敏感的心失去平静，再也做不到淡然以对。从某种意义上来说，人生之中其实没有太多了不起的大事情。除了生死，什么才能真正改变我们的命运呢？命运，就像是蜿蜒在山间的一条小小溪流，尽管蜿蜒曲折，却最终奔向自己的目标。即使有些小石块挡住了它的去路，它也会绕道而行。最可怕的就是遇到很大的坑洞，让它的流动戛然而止。这就像是人生的生死，从一出生开始，我们就向死而生，每个人都是行走在黄泉路上的。想明白这一点，我们也就不再会为那些无关紧要的小事而焦虑了。

焦虑，是非常影响人心境的。一个淡定平和的人，即使面对突发的事件，也能做到从容面对。然而，一个焦虑的人，即使生活很平顺，也会因为过于敏感的心，对一切都充满了不确定性，从而导致焦虑更加加重。如此恶性循环的生活，想必没有人想要得到。归根结底，如果说人生就像是我们每天面对的蓝天白云，那么你的心情则是天空的色彩。当你心情舒畅、平安喜乐，就是晴天；当你焦灼不安、惊慌失措，就是电闪雷鸣。倘若你能消除心底的焦虑，就一定能够看到人生难得一见的彩虹，你的命运也会变得更加平顺。

萌妈是个不折不扣的焦虑者。今年，萌萌正在读初三，还有一个多月就要参加中考。这明明是每个孩子都要经历的人生阶段，萌妈却紧张万分，恨不得代替萌萌去参加考试。眼看着还有一个多月才考试，但是萌妈每天都要念经

三遍："萌萌，一定要好好学习，认真复习啊，这次中考关系到你一生的命运。"被萌妈说的，原本很淡定的萌萌也开始紧张起来。关系到一生的命运，这还了得？为此，萌萌突然就患了神经衰弱，晚上连觉都睡不着了。

紧张的日子总是过得飞快，在萌萌即将考试的前一天，萌妈还特定打电话把远在外地工作的萌爸也叫回家，说是要一起陪着萌萌考试。就这样，全家三口人如临大敌，紧张的气氛弥漫在每个人的心中。这次考试，萌萌失利了。痛定思痛，在分析失利原因时，萌萌的姥爷数落萌妈："要我说呀，考试失利和你有关系。孩子考试，最重要的是能够正常发挥。你呢，如临大敌，弄得一家人都神经兮兮，如此一来，孩子心理压力必然增大，又如何能考好呢？"萌妈虽然对姥爷的话不以为然，但是仔细想想，却觉得姥爷说得很有道理。其实，她就是全家人紧张的根源，如果她能放松起来，大人孩子就都没有那么紧张了。想明白这个道理，萌妈在萌萌复读时，不再那么紧张焦虑了。果不其然，萌萌虽然没有超常发挥，但却正常发挥，考取了一个挺不错的高中。至此，一家人都开怀欢乐起来。

紧张和焦虑，会像阴云蔽日一样，遮蔽人们的眼睛，让人们无法看到快乐，更无从感受幸福。就像事例中萌萌的中考一样，原本只是非常正常的一次考试，却因为萌妈的过于紧张和敏感，导致全家人情绪都受到传染，变得莫名其妙地紧张起来。等到大家都放松心情之后，中考的难题也就迎刃而解了。

人生中的很多事情都和中考一样，虽然看起来至关重要，却必须以平常心对待。否则，我们就会因为过于焦灼而失去原有的水平和能力，导致事与愿违。就像是雨过天晴总会出现彩虹一样，当你消除心中的焦虑困惑和紧张不安，你人生的天空中也会出现七彩之虹。

下篇

别太迟钝，别成为温水中无知无觉的青蛙

第10章　别后知后觉，人生最大的敌人是自己

如果能够早一些知道人生最大的敌人是自己，我想一定有很多人能够更早地开悟，从而避免人生路上的那些弯路。然而，事实总是让人心生遗憾，我们往往要很久很久之后才知道，原来是我们自己禁锢了自己。那么多的不快乐，其实是因为我们有着一颗敏感的心，让我们每时每刻都不得安宁。倘若能够把解决问题的矛头指向自己的内心，也许很多问题就会迎刃而解。

蓦然回首，原来你是在自己折磨自己

生活中的很多时候，我们都会感到恐惧。这种恐惧并非来自于外界，而是来自我们的内心。记得不久之前看《寻龙诀》，在最后的神女宫中，陈坤扮演的胡八一猛然意识到，几十年前上山下乡的同学们之所以失去生命，都是人们心底的恐惧幻化为真实的景象。意识到这一点之后，他马上想出对策，让这骇人的一幕幕不复存在。与其说这是人与神之间的对决，不如说这是人们战胜发自内心的恐惧的过程。一切恐惧，不管诱因是什么，都是从人们的心底里发出来的。从这个角度来说，有位名人说人最大的敌人是自己，完全没有错。当你战胜了自己，你也就变得无往不胜。

曾经，有很多诗人、画家因为抑郁症，选择了结束自己的生命。他们难道是害怕外在的危险吗？不是的。但凡自杀的人，都是因为心已经不胜负荷。这一类的人，往往心思敏感而又细腻，总是比常人更多的体验到生活的艰辛和生存的不易。又因为极度追求精神的自由和解放，他们更加感受到矛盾的痛苦

和无望。当恐惧达到极致，他们选择了结束生命。其实，和精神的折磨相比，肉体的折磨虽然有着切切实实的疼痛，但还不是最难以忍受的。最难以忍受的是人们精神上的痛苦，这些病苦甚至让人感到自己已经坠入绝望的深渊，对于生存完全失去信心和希望。正是因为如此，我们不但要使自己的肉体变得更加坚强，也要磨炼自己的意志，让自己绝对不会轰然倒塌。常言道，心底无私天地宽。如果我们的心胸真的如大海一般辽阔高远，那么这种痛苦也就不复存在了。由此可见，解开心结的良药，依然在于我们的内心。

作为一名大学教授，他也不知道自己为何就走进了足疗店的门。也许是因为与妻子长期缺乏共同语言导致的感情干涸，也许是因为妻子苍老衰败的身体已经无法满足他的需求，也许是因为追求一时的刺激吧，他——一个道貌岸然的大学教授，就真的走进了足疗店的门，要求小姐为他进行性服务。

然而，有人无数次出入足疗店都平安无事，他真的只是这唯一的一次，就被潜伏在外面的警察同志抓了个正着。对于他的身份地位和为人师表的尊严，这样的事情一旦败露，一定是生不如死。然而，面对警察的威严执法，他除了顺从地配合，又能怎样呢？大凡知识分子，总是有着天真的想法。在跟随警车回警局的途中，他突然就歇斯底里的反抗，甚至还从正在行驶的车子上夺门而逃，导致头部着地死亡。这样的结局，未免让人欷歔。一个才华横溢的人，就这样离开了人世，如此匆忙，甚至来不及再看孩子和学生一眼。生命是脆弱的，然而比生命更脆弱的是人的灵魂。如果他能坦然面对自己需要承担的责任，也许命运不会至于此。

人的心灵实在是太脆弱了，虽然作为大学教授他的突然离世让人不胜欷歔，但是他的心理承受能力也让人不禁感慨。任何人做错了事情，都要承担相应的责任，这是毋庸置疑的。但是为了逃避责任而失去生命，代价未免过于惨重。而且，也会给身边的亲人家人带来无尽的伤痛。这样的人，不得不说是没有责任心和勇气的人。

人的心，就像是一个囚笼，如果我们能够彻底打碎囚笼，人生也会随之豁然开朗。现代社会，生存压力成倍增长，人们不但要努力地生活，还要竭尽全力地工作，纷繁复杂的人际关系也使我们更加心力憔悴。这一切，都要求我们必须有着足够坚强的内心，还要有超强的心理能力。轻易放弃生命的人，连死都不怕了，却害怕活着，不得不让人感慨。活着，原本是比死更艰难的事情，但是为了挚爱的亲人们，我们必须选择坚强地活着。当你放开自己的一刹那，你会发现一切都好转起来，你的心也随之豁然开朗。

积极乐观，你才能挣脱束缚自己的牢笼

作为著名的成功学大师，卡耐基无疑是深谙成功之道的。在卡耐基的鼓舞和指点下，无数朋友重新扬起希望的风帆，改变命运的轨迹。那么，对于成功，卡耐基是怎么说的呢？无论是在哪一场演讲或者是哪一本书中，卡耐基都告诉人们，一定要有积极乐观的心态，才能更加接近成功。卡耐基认为，和专业技术与渊博学识相比，良好的心态和超强的处理人际关系的能力是更加重要的。而所谓的人际关系并非我们所理解的狭义的人际关系，而是一种宽泛的人际关系。在这种人际关系之中，人们首先要与自己和谐友好地相处，才能更加坦然地面对外界。

积极乐观的心态，对于我们的生活有着莫大的好处。它不但使我们变得更加开朗，让我们及时地排遣心中的痛苦和抑郁，也使我们获得更好的人际关系，拥有更多的朋友。现代社会，人脉就是最大的资源。当你拥有良好的人脉时，你就获得了更多的成功机会。如果你现在还把自己囚禁在牢笼之中，不如马上改变心态，从现在开始就变得积极乐观起来吧！如果说消极的人生是阴暗

的，那么积极的人生则充满了明媚的阳光。由此可见，积极乐观的心态，不管对于他人还是对于我们自己，都是非常具有正向意义的。

高考的时候，张岩因为发挥失常，没有考出理想的成绩，与心仪已久的大学失之交臂。因为家境困难，她没有选择复读，而是上了一所不那么出名的大学。读大学期间，她一直半工半读，自己努力养活自己。然而，大学毕业之后，张岩却面临着尴尬的处境。众所周知，近年来大学毕业生越来越多，每年毕业季都有大量的人才涌向市场。为此，张岩非常自卑：我读的大学很多人连听都没听说过，我怎么找工作呢，怎么介绍自己呢？思来想去，她在简历上的学历教育一栏写着："自学"。看到张岩的学历，很多单位都因为其没有全日制教育经历而放弃录用她。为此，张岩更加郁闷，也更缺乏自信了。

大学毕业后，很多同学都四处奔走找工作，张岩却选择回到家乡。眼看着毕业已经快半年了，张岩始终没有勇气走出去。后来，大学同学打电话给张岩，问："张岩，你现在在哪里高就呢？"张岩不好意思地笑了，说："还谈什么高就啊！就咱们这个文凭，哪儿有单位愿意要咱们啊。"同学大为惊讶，说："哎呀，你可真是个死脑筋。知道嘛，咱们的班长现在是一家单位的主管呢，好多同学都投奔他去了。我就是想告诉你，如果你还没有合适的工作，也可以考虑。"后来，张岩详细了解了班长的情况，不由得佩服得五体投地。如今，张岩也来到班长的管辖之下，而且在工作上做得风生水起。她始终把班长作为自己的目标，渐渐恢复了自信。一年多之后，张岩居然也因为出色的表现，升任主管。

信心，就像是人的脊梁一样。人，没有脊梁就无法站立，没有信心也无法傲立于世。在这个事例中，张岩就因为缺乏信心，在毕业之际无法鼓起勇气来找工作，不敢勇敢地推荐自己。幸好，班长的成功极大地鼓舞了她，让她能够扬帆起航，最终找到自信，改变了命运的轨迹。

每个人的心里都有囚牢，这个囚牢无法禁锢他人，却牢牢地禁锢了我们自己。为了打破这囚牢，我们必须非常努力，帮助自己树立信心。否则，一旦失去信心，整个人生都会变得黯淡无光。信心，是我们面对未来的勇气，是我们翱翔于空的翅膀，是一切希望的根基所在。

不经过泪水的洗涤，就无法品味幸福的真谛

在这个世界上，没有丑，就无所谓美；没有坎坷，就无所谓平顺；没有挫折，就无所谓坦途。很多人之所以身在福中不知福，就是因为他们从未遭受过痛苦的折磨。悲与喜，苦与甜，一切都总是相对而言的。没有真正哭过的人，不知道笑的美丽；没有摔倒过的人，不知道尽情奔跑是多么畅意的事情。因此，我们在哭过之后，要更加珍惜笑的短暂时光；在痛过之后，要更加享受安康的快乐；在忧愁之后，要明白平和的欣喜。

一个男人在年轻时很穷，历经艰苦，人到中年之后事业才有了起色。因为他很努力，也因为他有贤良温敦的妻子，他的事业越来越风生水起。渐渐地，男人身边年轻的女子越来越多，她们或者身材窈窕，或者才华横溢，或者风情万种，或者美若天仙……总而言之，男人从每个年轻女子的身上都找到了无可取代的优点，却发现自己的妻子脸上越来越多的皱纹和雀斑，脾气也不像其他女子那样温柔如水，即使做饭也依然是十几年前的味道。因此，他开始看妻子不顺眼，越发惦念起其他女子的好来。

他甚至想到了离婚，不想继续守着黄脸婆妻子度过漫长的余生。就这样，男人开始背着妻子偷偷地草拟离婚协议，甚至就财产问题咨询了法律顾问。然而，妻子毫不知情。好不容易等到放假，妻子一个人独自去了西藏，那是她梦想已久的地方。然而，男人突然得到消息，一辆从西藏出发回京的大巴突发车

祸，数十人死亡，几十人重伤。男人知道，妻子原本就是计划乘坐这辆大巴回家的。他突然间泪如雨下，在那一瞬间想到了妻子无数的好处。妻子曾经陪着他同甘共苦，妻子不管多么累也会给他和孩子做好吃的饭菜，无论他多晚回家妻子总是给他留着灯……妻子的一点一滴的好，突然如宽屏电影般出现在他的眼前。他当即驱车赶往事发地的抢救医院，却没有找到妻子的身影。他的心被掏空了，似乎自己这几十年的生命都是毫无意义的。他想：哪怕断胳膊断腿，成为植物人，也比没命更好，我愿意伺候妻子一辈子，不管她变成什么样子。他失魂落魄地住在医院附近等候消息，一有新的伤员或者尸体送来，他就赶过去辨认。到了第二天中午，他简直已经要崩溃了。突然间手机铃声响起，他无意识地接起电话，电话里传来妻子温暖而又熟悉的声音。原来，妻子因为没有赶上车，多留宿了一晚，如今正在飞机场准备乘飞机回家呢！他马上让妻子留在原地，自己也飞也似的赶到机场，宛若得到了稀世珍宝一般把妻子紧紧地抱在怀中，生怕她一眨眼就不见了。

从此之后，他再也没有动过离婚的念头，而且把妻子当成是失而复得的珍宝，不管走到哪里两人都要形影不离。看到他如此巨大的改变，妻子暗暗想道：一定是我在距离天堂最近的地方用心的祈祷，被爱神听到了。

因为从心理上已经失去了妻子一次，所以他充分意识到妻子的可贵，再也不觉得妻子是一无是处的黄脸婆了。人们常说失去了才懂得珍惜，然而如果真正失去了，再懊悔也无法改变事情的结局。幸好，他只是以为失去，今生今世还有漫长的时间可以好好疼爱妻子。

人生在世，就是要面对得到和失去。在不断得到的过程中，我们也在不断地失去。唯有正确地对待得失，摆正心中的天平，我们才能获得真正的幸福和快乐。从现在开始，就让我们用心地品味痛苦吧，因为它能帮助我们更加珍惜幸福。

哪里是属于你的危崖，你找到了吗

古人云，生于忧患，死于安乐，这句话是很有道理的。自古以来，无数的英雄壮士起义之后，刚刚获得一点点成功，就马上忘却初衷，一味地贪图享乐，最终导致功亏一篑。实际上，这就是安逸的生活导致的。人是一种很奇怪的动物，在危险的境遇中也许反而会集中精神，努力地拼搏。诸如，很多农村的孩子，家境贫穷，偏偏就能考上名牌大学。相反，那些家里条件尚可的城市孩子，却因为生活安逸，很难有所突破。再如，卧薪尝胆的故事大家都听说过。越王勾践在被吴王放回越国之后，如果贪图享受，贪恋安逸的生活，则永远也不可能励精图治，打败吴国。正是因为越王回国之后卧薪尝胆，为了让自己不忘记以前的屈辱生活，他一刻也不敢放松，因而最终才能把国家治理得国泰民、安兵强马壮，抓住时机一举打败吴国，一雪前耻。可以说，在吴国受辱的经历就是越王的危崖。因而，他始终保持警醒和雄心壮志，一时一刻都不敢懈怠。

你的危崖在哪里呢？你找到属于自己的危崖了吗？人，如果总是处于安逸的享受之中，一定会斗志全无，甚至忘却初心。你只有找到属于自己的危崖，时刻提醒自己保持警醒，才有可能始终处于昂扬亢奋的状态中，督促自己不断地向前，向前，向前！一刻也不能停息！

秦朝末年，因为难以忍受秦王的残暴统治，全国各地的人民纷纷起义。其中，陈胜、吴广是农民起义军中著名的领袖人物。此外项羽和刘邦也赫赫有名。有一年，赵国的都城被秦国的军队团团围住，危在旦夕。为了解围，赵王派出信使连夜赶往楚国求救。楚怀王深知唇亡齿寒的道理，因而当即任命宋义为上将军，任命项羽为次将军，并且给他们派出二十万精兵强将，让他们为赵国解围。殊不知，宋义贪生怕死，很畏惧强秦的势力，因而行走到半途时，就命令部队驻扎下来，不再前进。当时，军队里缺衣少食，宋义却只顾独自享乐。项羽看不惯宋义的鼠辈作为，居然一气之下杀死了宋义，自封为上将军，率领大军火速前进去解救赵国。

项羽有勇有谋，先是派出先锋部队，切断了秦军的粮草供给，又亲自率军渡河，以解救巨鹿的围困。等到全部大军都渡河之后，项羽为了让全体将士都心无旁骛地消灭秦军，在让炊事班做了好饭好菜供给士兵们大吃一顿之后，只给每人发了三天的粮食。后来，他让将士们把船凿穿，沉入河底；把锅砸碎，还烧毁房屋。这就是后来流传千古的成语破釜沉舟的由来。看到项羽的所作所为，全体将士都知道这场战争要么胜利，要么战死，再无其他选择。因而，他们人人都抱着必胜的信念，发誓一定要歼灭秦军，否则誓死不回。在接连九次冲锋之后，项羽终于率领全体将士打败秦军。这次战败，秦军元气大伤，不久就灭亡了。

在这个著名的历史典故中，项羽原本是有退路的，但是他却破釜沉舟，让全体将士都抱着有去无回的信念，与秦军决一死战。当时，秦军的力量是非常强大的，如果项羽不是亲自为全体将士制造了这样有去无回的危崖，将士们一定无法以一当十，势如破竹。

人生也是如此，如果你不曾找到自己的危崖，那么你也可以像项羽一样，为自己制造一个危崖。很多时候，人们如果觉得自己是有退路的，就一定不会全力以赴。然而，人的潜力其实是非常巨大的，只有在绝境之中才能激发出来。为此，我们要学会切断自己的后路，让自己决绝地做事。尤其是在现代社会，很多成功的背后都隐藏着失败的危机，然而，失败和成功一样并不是必然的。我们唯有摆正心态，勇敢地面对有可能发生的一切，才能抓住转瞬即逝的机会，逼着自己不顾一切地奔向成功。

只要有勇气重新开始，一切就都还来得及

很多人面对失败会选择一蹶不振，永远地放弃。殊不知，正是因为这样的选择，失败才能成为定局。实际上，从我们的心底里来说，我们并不想永远戴着失败的枷锁度过一生。你知道吗？要想改变失败的定局，唯一的办法就是继往开来，重新开始。其中的道理很简单。如果你在失败之后就彻底放弃，就像是经过数万年形成的琥珀一样，其中的小生命在停止挣扎的那一刻就保持永恒的姿态。那么，如果你想改正自己的错误，就应该挣脱树脂的束缚，只有这样才能再次张开翅膀，飞向属于自己的天空。动物们因为力量的软弱也许很难做到，但是你只要不放弃，一定有卷土重来的那一天。

只要不放弃，一切就都为时不晚。爬山的过程中如果你不小心摔倒了，并且就此开始下山，那么你永远也无法到达山顶。相反，如果你爬起来，总结经验和教训，那么此后的行程一定会变得更加顺利。没有人能够保证自己走的路始终是对的，也没有人能够保证自己一次就能抵达成功。伟大的发明家爱迪生，为了给人们带来光明，先后尝试了数千种材料，只为了寻找到最合适的灯丝。对于他而言，成功就是失败之后一次又一次地开始，他甚至已经忘记了自己失败的次数。只因为，他始终行走在路上，从未放弃过。倘若爱迪生当年在若干次失败之后就彻底放弃探索，那么整个人类世界都会再晚若干年才能拥抱光明。而那无数次的失败，也会因为放弃变得毫无意义。爱迪生很清楚，只要不放弃，这些失败就是最大的功臣，因为他至少通过这些失败的尝试，知道了哪些材料是不合适作为灯丝使用的。这就是成功的人看待问题的独特视角。悲观的人，面对爱迪生当时的困境，一定会说："我已经尝试了这么多材料，进行了这么多次试验，却始终毫无进展，我的努力毫无意义。"看看，这与爱迪生的想法有着多么大的差距。由此可见，成功与失败其实就在一念间。

小梦大学毕业后，因为一时间找不到合适的工作，突然就对开网店产生了浓厚的兴趣。开网店不但投入的成本很低，而且需要的人力物力也少，是大学生创业的不二选择。为此，小梦很快就向父母筹集了几万元钱，开始开办网店。

然而，也许是因为眼高手低吧，小梦等到网店开始正式运营之后，才意识到开网店也是非常辛苦的。首先，她必须一天二十四小时地守在电脑前，即使客户只是咨询，她也要不厌其烦地解释无数句。其次，网店的竞争也特别激烈，对于她这种刚刚开的新店来说，既没有成交量，也没有名气，因此生意惨淡。思来想去，小梦决定放弃。小梦的好朋友娜娜知道小梦要放弃网店后，问小梦："小梦，你能不能把你的网店转让给我呢！"小梦一听心花怒放，因为如果她选择放弃，前期的投入全部都打了水漂。而转让给娜娜，至少能收回少部分的成本。因此，小梦与娜娜一拍即合，娜娜当即接受了小梦的网店。

娜娜并不像小梦这样容易挫败，虽然前三个月，她只成交了十几单，但是她觉得希望就在眼前。娜娜很清楚，这一切都是因为网店没有知名度。那么，如何提高网店的知名度呢？除了花钱之外，还有很多其他经济实惠的好办法。娜娜每天没有客户咨询的时候，就去各大知名网站发帖子，在各个论坛里灌水，宣传自己的网站。渐渐地，知道她网店的人果然越来越多。当然，她也没有忘记让同学、亲戚朋友们尽力帮她宣传，发朋友圈，发QQ群。总而言之，只要能想到的办法，娜娜都不遗余力地去做。果然，在如此坚持半年多之后，娜娜每个月都开始实现盈利。这对于娜娜而言就是最大的鼓励，她更加干劲十足了。一年多之后，娜娜的坚持换来了丰厚的回报。如今的她，每天都有十几个顾客成交，她还准备自己开办加工厂呢！

对于小梦而言，一切在她决定放弃的时刻，就已经成为永恒的定局。但是对于娜娜而言，只要自己不放弃，任何事情都不算晚，就都有成为现实的可能。也正是因为娜娜的坚持，网店才会在一年多的时间里，从惨淡经营，到实现盈利，再到生意红红火火。如今的娜娜，还有着无限的可能性等待实现，这一切都是她心中的希望之火在燃烧。

任何时候，都不要轻言放弃。就像人活着就有希望一样，做事情也是同样的道理，只有不放弃，才有可能出现转机。只要开始了，一切就都不算晚。如果你曾经动摇过，那么从现在起就坚定不移地开始吧。只有自己相信自己，别人才会相信你！机会，永远把握在你的手中。

挫折孕育成功的希望，你发现了吗

每个人的生命中，都蕴藏着无数失败的可能，在品味失败的痛苦时，你是一味地消沉，还是火眼金睛地发现了成功的契机？有位名人曾经说过，失败是成功之母。这句话的意思是说，世界上没有一蹴而就的成功，所有的成功都是从或多或少的失败中孕育出来的。然而，却又是并非每个人都能从失败中发现成功的种子，只有真正的强者，只有永不屈服的人，才能从挫折中发现成功的希望。

其实，能否从挫折中发现成功的希望，取决于人们的心态。积极的人，不管任何时候都像向日葵一样冲着太阳欢笑，消极的人，即便情况没有糟糕到最坏的情况，也依然委靡不振，意志消沉。每个人活着，努力地生活和工作，无非就是想要获得成功。成功，不但能够帮助我们提高生活的品质，也实现了我们生命的价值和存在的意义。可以说，整个人类的终极目的都是追求成功。乞丐乞讨的时候想要成功地要到金钱；教师在三尺讲台上不厌其烦地教授学生，是想要桃李满天下的芬芳；当官的人想要追求更高的职位，因为那代表着成功；做生意的人想要挣到更多的金钱，那也是成功；父母辛苦地抚育孩子，教孩子学会做人，也是追求父母的成功……总而言之，一切的如愿以偿，都可以归结于成功。由此可见，成功对于我们的生命有着多么不同寻常的重要意义啊！

既然成功如此重要，在遭受挫折的时候，你还能轻易放弃吗？答案当然是否定的。成功的果实是甜美的，通往成功的道路也是漫长而又坎坷的。要想成功，我们就必须练就火眼金睛，即使面对失败的阴云密布，我们也要仰望成功。

小丽家境还算殷实，因而大学毕业之后，决定自主创业。的确，给别人打工总不如自己当老板来得自在，更何况小丽从小就梦想着开花店。原本，小丽以为开花店是一件非常悠闲惬意的工作，每天都与鲜花绿植为伴，心情也会大好。不想，在花店开始营业之后，小丽叫苦不迭。

原来，鲜花都是从各个地方空运过来的，因而小丽必须在清晨就打理好这些娇嫩的花朵，等待迎接顾客上门。小丽柔嫩的手指，被玫瑰花的刺扎伤了无数次，小丽甚至也因此偷偷地哭了无数次。然而，最让她头疼的还不在于此，主要是花店的位置不算好，但是鲜花的保质期又很短，损耗严重，因而小丽的花店接连半年都处于亏损状态。思来想去，小丽想到了一个好办法，她让雇员拿着花篮去医院门口叫卖，生意的确很好，不一会儿工夫就有很多人问津，但是却被城管盯上了，不但花篮被没收了，小丽还得去城管大队交罚款。眼看着这条路走不通了，这次，小丽没有气馁。她暗暗地想：既然医院附近对于鲜花的需求量的确很大，我为什么不能再网络上开一家花店呢，可以送货上门啊！这样，城管就管不到我了！

说干就干，小丽从失败中吸取经验教训，专门开设了一家网店，而且一些关于治病求医的论坛里，发了很多推广的帖子。果不其然，经过长时间的努力，如今小丽的花店虽然门店营业额不高，但是网上的订单纷至沓来。因为能够提供送货上门的服务，所以小丽的生意越来越火爆。就这样，小丽的初次创业就成功了。

在这个事例中，小丽显然是一个非常积极的人。她在医院门口推销花篮遭遇失败之后，并没有放弃，而是马上想到在网上进行推广和宣传。就这样，小丽开拓了崭新的销售渠道，挽救了濒临倒闭的花店。

人生，总是要遭遇坎坷和挫折的。只要我们怀着积极乐观的心态，一切坎坷和挫折都会成为我们人生的养分，而不会阻碍我们的发展。就像参天大树一样，因为经风历雨，我们反而会更加茁壮地成长，迅速地成熟起来。

第11章　勇敢去面对，逃避现实永远无济于事

古人云，玉不琢，不成器。人，也是如此。如果一个人在一生之中从未经历过任何磨难，那么他一定不会迅速地成长和成熟起来。很多的人，恰恰就是在痛苦和挫折中，才破茧化蝶，最终华丽转身。就像是一棵参天大树，它身上的每一个疤痕，都代表着一个个磨难。不管什么时候，我们都要相信自己，勇敢面对，才能突破自我。

从容面对生活的磨难，你才能尽情享受生命的馈赠

如果没有一次又一次的磨难，我们怎么可能拥有顽强的意志？如果没有狂风暴雨的洗礼，天空中也不会出现美丽绚烂的彩虹。人生恰如时而晴天时而阴雨的天气，会有阴云密布和阳光普照的时刻。然而，要想守得云开见月明，我们就必须有坚强的意志，乐观的信念，以此面对人生的种种不如意和坎坷挫折。越是艰难的时刻，我们越应该从容应对。惊慌失措只会让一切更加糟糕。正如古代的诗人所说的——“千磨万击还坚劲，任尔东西南北风”。要想成功，我们也必须有顽强不屈的毅力，不管遭遇怎样的艰难曲折，都傲然屹立。

平日里，我们总是仰慕成功者，却只看到他们头顶的光环，而没有想到他们在光鲜亮丽的背后，付出了多少艰辛和努力。要知道，每个人的成功都不是偶然的，命运也总是青睐强者，而唾弃弱者。倘若你在磨难前消失斗志，就一定会半途而废，也就无所谓成功。你只有坚强地面对这一切，才能笑到最后，成为最终的胜利者。想一想那些为国争光的运动员们吧，如果不是有着不

屈的毅力，坚持付出汗水、泪水，甚至是鲜血，他们如何不断地提升自己的技能，最终成功地获得荣耀呢！如果你只是温室里的花朵，一直在父母的翼护下长大，你就永远没有机会经风历雨，也永远不可能成长。在勇攀高峰的路上，只有不为艰难险阻的人，才能最终“会当凌绝顶，一览众山小”。这份豪情壮志，是留在山脚下的人永远也不可能体会的。

出生于1981年的桑兰，曾经是全国的跳马冠军。在她十七岁的时候，因为参加美国友好运动会，导致颈椎骨折，胸部以下高位截瘫。这样一个正值花季的少女，人生和事业都处于正在不断攀升的时期，突然之间就如折翼的天使一般坠落，这个打击是任何人都难以承受的。在此之后，桑兰从以为国家夺得冠军和金牌为人生目标，到以恢复自理能力为目标，经历了漫长的心路历程和不懈的努力。在刚刚受伤时，她也曾想过要自杀，结束自己年轻的生命。然而，痛定思痛，她决定勇敢地活下来。在此之后将近二十年的时间里，桑兰一直毫不屈服地活着，从生活不能自理，到渐渐地恢复自理能力，为此她付出了无数的努力。

2014年初，桑兰在历经艰辛之后，终于成功地产下儿子，从此，她的人生圆满了。如果在遭遇打击的时候没有坚强的毅力，桑兰就不会拥有如今幸福和睦的家庭。人生，总是这样跌宕起伏，只有坚强的人，才能微笑着面对人生，也才能得到人生的馈赠。

一个胸部以下高位截瘫的花季少女，活下来就需要莫大的勇气。桑兰不但活了下来，还非常努力地想要活好。她积极热情地投身于公益事业，努力地实现人生的价值。如今的桑兰，已经成为孩子的母亲，作为女人，她的一生非常完满。无论桑兰受伤的原因是怎样的，也不管人们最终探寻到的真相是怎样的，我们都对桑兰怀着尊重和敬意。

人生，就是这样多磨难。唯有以乐观积极的态度面对人生，我们才能更好地享受生活，对命运安之若素。尤其是对于年轻人来说，很多时候遭受一些磨难并非坏事。俗话说，人无压力轻飘飘。我们的人生恰恰是因为有了那些磨难，所以才更加丰盈厚重。

即使面对不幸，也要宠辱不惊闲看庭前花开花落

人生，是局促还是从容，完全取决于我们的内心。有人说，人生必须经历磨难，才能厚重。我们却要说，只有真正的强者，才能在不幸面前勇敢地站起来，坦然接受不幸。如果是弱者，在不幸当头的时候失去斗志，很容易变得一蹶不振。

古人云，宠辱不惊闲看庭前花开花落，去留无意漫随天外云卷云舒。这种宽容豁达的人生态度，并非常人所能练就的。人生，最难得的就是处变不惊。处变不惊的人，即使面对大的危难，也会如同傲然屹立在风雪之中的腊梅那样，高傲冷艳。这种处变不惊，绝对不仅仅是一种待人处事的态度，而且是一种升华之后难得可贵的精神力量。只有保持处变不惊，才能在困境中保持清醒和理智的态度，这样一来，任何的不幸都能随机转化，成为不可言说的幸运。

真正胸有大志的人，都是处变不惊的人。他们的心理素质简直超强，因而才能在大起大落前始终保持昂扬的斗志，无所畏惧。例如，中国古代的民族英雄岳飞，抗日战争时期面对敌人的铡刀毫无惧色的刘胡兰，这一切的伟大人物，都让我们由衷佩服。

作为德国的第一位女总理，闻名世界的铁娘子——默克尔绝对具有处变不惊的超强能力。这一切，都源于她童年时期的经历。默克尔从小就勤学好问，品学兼优。14岁时，她参加学校学生会主席的竞选活动，但是原本很有希望和把握的她，却意外落选，以巨大的悬殊败给竞争对手。为此，小小的默克

尔伤心了很多天，甚至连学校都不想去了。这时，她的父亲，给她讲了一个故事：在寒冷的冬日早晨，小女孩上厕所时突然发现镜子上有个黑点。经过仔细观察，她确定那是一只蚊子。然而，正当他准备怕死蚊子时，蚊子突然飞走了。小女孩有些犹豫了，不知道是追赶上去拍死蚊子，还是放它一条生路。毕竟，当时天气已经很寒冷了，如果这只蚊子没有坚强的意志力和顽强的生命力，是不可能活下来的。后来，小女孩把这件事情告诉妈妈，妈妈却不以为然地说："正是因为我们的室内温暖如春，所以这只蚊子才不知道此时已经是隆冬，才能活下来。这只蚊子这么愚蠢，贪生怕死地躲在温暖的浴室里，你却可怜它！"说着，妈妈拿起蚊子拍，毫不迟疑地去浴室把蚊子拍死了。

讲完这个故事之后，父亲语重心长地对默克尔说："你看，虽然同是一只蚊子，但是小女孩和妈妈对于它的看法和态度却是截然不同的。亲爱的女儿，不管别人是认可你还是否定你，也不管命运赐予你的是安乐还是坎坷，你都要坦然接受。因为这一切都无法改变，你始终是你。"听了父亲的话，小小的默克尔若有所思。从此之后，她总是坚定不移地走自己的路，做自己的事情，再也没有因为命运的坎坷和他人的口舌而受到打击。在这一生之中，她始终牢记着父亲为她讲述的蚊子的故事，并且处变不惊地度过了很多人生困境。

人生的道路上，我们既会踩在平坦的道路上，也会因为坎坷和挫折而备尝生活的艰辛。不管是得到赞赏还是谩骂，也不管是面对坦途或者崎岖，我们唯有坚定不移地做好自己，才能走出属于自己的人生之路。

作为现代社会的年轻人，在生活中，或者在职场上打拼时，也会遭遇各种各样的突变。唯有保持淡然自若的心态，才能更好地迎接命运的安排，塑造最强大的自己。

只要心中有希望，你就能战胜一切磨难

正如船只在大海上航行需要引航灯一样，人生也需要希望的指引，才不会偏离航向。希望是什么？希望是茫茫沙漠上的一眼清泉，让人们在干渴之余心中有所安慰；希望是春天里的和风细雨，轻拂枝头，给大地披上绿色的衣裳；希望在失败的人心中是一颗火种，虽是星星之火，却足以燎原；希望在成功的人心中是继续加足马力前进的动力，唯有心中有希望，身上才充满干劲……总而言之，只要有希望在，不管遇到怎样的艰难险阻，你都不会放弃，你才能战胜各种各样的磨难，踩着失败的阶梯攀登成功的顶峰。

希望，之于每个人都是至关重要的。因为，没有人的一生是一帆风顺的。只有怀着希望，才能战胜这些坎坷和挫折，勇往直前。

作为美国总统，林肯的大名传遍了世界。然而，很多人所不知道的是，在成为美国总统之前，林肯的命运简直糟糕透顶，说其是无数困难的累积也毫不夸张。

1832年，林肯失去了工作。刚开始时，他还没有气馁，而是非常勇敢地参加州议员的竞选。但是，他参选州议员失败了。这让他有些沮丧。既然从政的道路走不通，那就只得再次创业。这一次，林肯真切地感受到命运的无情捉弄。他的创业也很快宣告失败，从商的道路也在他眼前闭合。思来想去，在短时间被接踵而至的打击弄得昏头涨脑的林肯，甚至觉得自己的人生走入了绝境。最要命的是，这次经商虽然时间短暂，但是他投入的巨额成本却付诸东流。为此，他背上了很大一笔债务，在未来很长一段时间内都不得不辛苦地还债。无奈之下，他只得宣布破产。再此之后，林肯足足用了十几年，才慢慢把这笔债务还清。让林肯略感欣慰的是，他后来竞选州议员成功了。虽然不是很巨大的成功，但是至少给他沮丧绝望的心灵带来了希望。

1835年，林肯的未婚妻突然离世。这个沉重的打击让林肯彻底倒下了，他不但夜夜失眠，而且还患了严重的神经衰弱。即便如此，在修养两年之后，林肯依然勇敢地站了起来。1838年到1846年期间，林肯再度参加州议会议长的竞选。因为对生命的希望和渴盼，他还参与了美国国会议员的竞选。遗憾的是，他的两次竞选都接连以失败告终。即使遭到很多人的质疑，林肯依然满怀希望。1846年，林肯再次参加竞选，想要成为国会议员。这次，也许是命运垂怜，他成功了。得到这个消息后，林肯兴奋不已。然而，在任期满了之后，他没有成功地争取连任。十几年的光阴弹指一挥间，林肯一直在努力地与命运搏斗，即使情况再怎么糟糕，他都从未放弃希望。也许正是因为心中有希望，林肯才能不离不弃地努力，想要改变自己的命运。转机在1860年出现，当年，林肯参加美国总统的竞选，大获成功。至此，林肯终于找到了实现自己人生价值的舞台，从此走上了世界瞩目的位置。

假如林肯因为一次失败就选择放弃，那么在接踵而至的打击面前，他一定没有机会最终成为美国总统。举个形象的例子，在接二连三的困难和磨难面前，林肯就像是一个不倒翁一样，跌倒了就马上爬起来，再跌倒就再马上爬起来，毫无怨言，坚持不懈。这种不倒翁的精神，恰恰是我们每个人都需要的。而不倒翁的脊梁，就是我们心目中始终熊熊燃烧的希望之火。

一次又一次的折磨，对于年轻人而言就像是人生的训练场。年轻人要想在失败中总结和积累经验，最终站在失败之上勇攀成功的高峰，就必须心中怀着希望。这就像是把一粒种子种在土里，只有经风历雨，才能成长为参天大树。尤其是现代社会的年轻人，一定要更加精明强干，因为快节奏的生活，已经没有多余的时间给你无病呻吟了。从此刻起，年轻的朋友们，让我们怀揣着希望奔跑吧！

脚下的泥泞，终将为你的人生带来花开满径

人与人之间，天生就存在着差距。有些人很强，有些人则很弱。然而，反过来看，未必所有的强者都是天生的。弱者只要假以时日，也有可能变得越来越强。而且，因为经受了很多的磨难，弱者一旦变强，也许会超越天生的强者。这个道理，其实显而易见。很多人都养育过新生的婴儿，那么他们有时候会发现，在出生一段时间以后，有些孩子一侧的脸颊会显得比另一侧更大一些。这也就是民间所说的“大小脸”。之所以出现这种现象，就是因为婴儿在睡觉的时候歪在一侧，导致脸颊受到挤压。话说到这里，肯定有些朋友会迫不及待地说：“小的那一侧，肯定是被压的。”实际上，这句话大错特错了。并非是比较小的脸颊是因为挤压导致的，而是偏大的脸颊受到了挤压。为什么被挤压的反而大呢？不应该是小才对吗？常言道，哪里有压迫，哪里就有反抗。这句话不仅仅适用于人与人之间，也同样适用于婴儿的脸颊。因为婴儿的发育尚未完全，所以脸颊在压力的作用下表现出明显的差异。现实情况是，即使是对于成人而言，如果他们固定一侧的脸颊长时间被挤压，也会发生轻微的变形。从此不难看出，压力实则是人生的养分。

在这个城市，有很多家羊绒店，专门为人们量体裁衣，制作羊绒衫。在湿冷的南方城市，温度没有那么低，但是因为潮湿阴冷，必须要保暖的衣服。但是南方人都很爱美，不愿意穿臃肿的羽绒服，因此羊绒衫是很不错的选择——轻薄保暖。

让人感到很奇怪的是，这一条街上有十几家羊绒衫制衣店，但是唯独马爷爷家的生意最好。这是为什么呢？羊绒衫的样子其实都差不多，除了基础款，就是各种各样的花色。马爷爷的手艺当然更好一些，不过也不至于独占这条街的半壁江山啊！毕竟，马爷爷因为年纪大了，很多花色都不够时尚。然而，这

丝毫不影响人们照顾马爷爷生意的热情。

寒假里，马爷爷的孙子来和马爷爷作伴。看到马爷爷每天顾客盈门，孙子纳闷地说：“爷爷，咱们家的生意为什么这么好呢？他们怎么不去别家定做羊绒衫呢？”马爷爷笑着对孙子说：“下个星期我去进货，你很快就会知道原因了。”

好不容易等到一周之后，孙子心急如焚，跟着马爷爷一起踏上了北下的火车。经过十几个小时的行驶，他们已经来到了茫茫的大草原。但是马爷爷并没有停下来，而是继续北上，一直到最严寒的地区。下车之后，马爷爷问孙子：“什么感觉？”孙子把自己整个儿包裹在厚实的羽绒服中，还把帽檐压低，依然冻得瑟瑟发抖。他哆哆嗦嗦地说：“冷！真冷！太冷了！”马爷爷笑了，说：“这下你知道咱们家生意好的原因了吧？！”孙子不明所以，睁着迷茫的眼睛看着马爷爷。马爷爷继续说：“很多人进购羊绒，选择在刚刚进入东北地区的羊。我呢，每次都比别人多走很多路，只为了来到这东北最寒冷的地方。这里因为寒风刺骨、大雪纷飞，因而所有的羊都长着更加厚实的毛，羊绒也更加细密。这样的羊绒编织出来的羊绒衫，怎能不暖和呢？”在马爷爷的一番解释之下，孙子恍然大悟：“我明白了，这与山顶上风大的地方树木更加粗壮，是相同的道理。”马爷爷欣慰地摸摸孙子的头。

寒冷的地方，羊绒更加细密柔软；风大的地方，树木更加粗壮；沙漠地区，植物为了生存根系更加庞大和深入泥土……这些，都是生命力顽强的体现。那么，人呢？经历过更多坎坷和挫折的人，不应该是委靡不振的，而应该更加充满希望，生机勃勃。也许，我们会因为此时此刻脚下的泥泞感到悲伤，但是在未来的某一天，你一定会因为自己的健步如飞感到高兴不已。

命运对待每个人都是公平的，它在为一个人关上一扇门的同时，一定会给他打开一扇窗。我们所要做的，就是不要因为错过太阳而哭泣，否则一定会错过群星。人生之中，无时无刻不充满了机会，唯有坚强乐观的人才能时刻做好准备，抓住这些千载难逢的好机会。坦然接受命运的磨难吧，你终有一天会拥有花开满径的人生之路。

人生的指南针，带你走出命运的阴霾

当船只在茫无边际的大海上航行时，是什么指引它们朝着正确的方向行进；当人生在迷茫的时段里失去目标时，是什么指引人们找回自我？天上有北斗星，为我们的夜行指明道路，人生也有指南针，为我们指明方向。尤其是在人生遭遇诸多挫折时，我们常常会感到茫然无绪。在这种情况下，只有始终怀揣着人生的指南针，在遭遇困境时认准方向，才能不忘初心。

蝉的幼虫在地下度过漫长的时间，缓慢地成长，却最终能够破蛹而出，成为夏日的使者，这也是以因为它们的生命是有指南针的。虽然它们不像人类这样善于用语言却表达，用灵魂去思索，但是它们有自身成长的规律可遵循。大自然中的一切事物都是有规律的，人生也是如此。很多时候，你虽然不如意，高考时没有考上理想的大学，年轻人没有追到心爱的女孩，生了孩子之后孩子又不够优秀，甚至中年时期父母就离你而去……这一切，都没什么可怕的。人生，在指南针的指引下按照规律发展着，你只要坚持自己的梦想，就一定能走出命运的阴霾。

现代社会，年轻人的生活压力越来越大。很多年轻人在如复一日快节奏的生活中，渐渐感到疲惫，不知道自己到底想要怎样的生活。尤其是在物欲横流的现状前，他们变得更加迷茫，甚至为了满足一己私欲而违背道德和纲常。这都是因为失去人生指南针的缘故。真正有原则的人生，一定牢牢谨记“保剑锋从磨砺出，梅花香自苦寒来”的古训，踏踏实实地做人做事。

小甘从小与母亲相依为命，虽然备尝生活艰辛的母亲带着美好的憧憬为他起名小甘，在出生之前就失去了父亲的小甘依然与母亲尝尽生活的艰辛。对于生活，小甘却从未放弃，始终充满希望。对于人生，小甘也一直都是有规划和有梦想的。时至今日，小甘清楚地记得自己曾经和母亲说过的话："妈妈，我一定要好好读书，将来给你在城里买大房子。"母亲对于小甘的孩子话，总是一笑置之。然而，如今已经大学毕业的小甘，从未忘记自己的誓言。

大学毕业之后，小甘找了好几份工作，都被拒之门外。因为他毕业的大学根本不出名，而且他所学的专业也不热门。为了解决生计问题，小甘只得从摆地摊开始自己的漂泊生涯。即便在夏日的夜晚摆地摊时被蚊子叮了若干个大包，他也依然无怨无悔，并且始终牢记自己的梦想：我一定要在大城市为母亲买套大房子。转眼之间，十几年过去了，小甘真的实现了自己的梦想。在这十几年里，他尝尽辛苦，摆过地摊，给别人打过工，后来才慢慢地自主创业。如今，小甘的"针头线脑"连锁超市，已经开遍了大半个城市。虽然这些东西只能赚取蝇头小利，但是因为店多量大，小甘还是成了一个不折不扣的老板。接下来，小甘准备自己开工厂，加工和生产这些小零八碎。虽然看似不起眼，但是小钱里却蕴含着大利润。早在去年，小甘就把年迈的母亲从家乡接来享清福了。

生活再怎么艰辛，只要活着，就能继续下去。在这个世界上，没有任何人能够一蹴而就地获得成功。每一份不起眼的成功背后，都隐藏着不为人知的艰辛。作为成功人士，一定都有着辛酸的拼搏和奋斗史。他们之中，少数人成功，更多的人失败。然而，有一点是必然的，即所有成功的人，都是有着坚强毅力和顽强意志的。

人，只有自己才能打败自己。即使境遇再怎么糟糕，我们只要始终坚持心中的梦想，向着正确的方向努力，就一定能够挣脱命运的囚笼。从现在开始，就带着人生的指南针，勇往直前吧！

面对成功，你才醒悟所有困难都是垫脚石

在这个世界上，任何事情都不是绝对的。因此，我们必须采取辩证唯物主义的眼光去看待一切事情。例如，有些苦难对于强者而言是垫脚石，能够帮助他们拔高生命的高度；对于能者而言是一笔巨大的财富，能够帮助他们丰富人生的经历和阅历；对于弱者而言是无尽的深渊，一旦陷入，就很难逃脱。那么，你是想成为强者，还是想成为弱者，亦或者是能者呢？也许你现在生存的环境非常艰难，甚至让你无法适应。但是，一旦你真心地接受这一切，并且勇敢地与其磨合，就能够让自己的心灵变得更加坚韧。

曾经，有个农夫带着一头驴子去赶集。眼看着天色已晚，但是很不巧的是，回家的路上，驴子不小心掉进了一个深坑里。这个深坑里满是垃圾，又脏又臭，农夫想了很多办法，都没有成功救出驴子。虽然驴子在深坑里不停地哀嚎，请求主人把它救出来，但是农夫看着满天星辰，决定放弃。他必须赶快回家，否则夜深了，野兽就会出没。

农夫一个人独自回到家里，思来想去，觉得不能继续留着那个坑，否则以后还会有牲畜甚至是人掉进去，那就很危险了。因此，天刚刚亮，农夫就喊了几个邻居，和他一起拿着铁锹去挖土填坑。邻居们知道农夫这么做也是为了大家好，因此都很积极。他们把一铁锹又一铁锹的土扔到深坑里，泥土全都落在了驴子身上。可怜的驴子，也许是意识到自己的命快要保不住了，因而凄惨地嚎叫着。又过了一会儿，它突然不叫唤了。大家停下手里的活儿，小心翼翼地往深坑里望去，却意外地看到：驴子正在抖落身上的泥土，然后踩在泥土上往上爬呢！随着深坑里的泥土越来越多，驴子距离洞口也越来越近。最终，驴子成功地从被泥土填得越来越浅的深坑里跳出来，高兴地跑开了。农夫和邻居们瞠目结舌地看着，都为驴子顽强的生命力而感慨不已。

驴子强烈的求生欲让我们惊讶，顽强的毅力也让很多人自叹弗如。其实，我们的人生又何尝不是如此呢！在漫漫人生路上，我们也时常像这头驴子一样，不小心掉进深坑里，凭借自己的力量很难自救。在这种情况下，如果你放弃了，那么就一定会在深坑里活活饿死。如果你像驴子一样抓住一切机会自救，从始至终都没有放弃求生的希望，那么你也一定能够重获生机。那些落在驴子身上的泥土，恰恰就像我们不得不面对的一个个困难。你是把困难踩在脚下自救，还是让困难统统落在你的身上压死你？答案不言而喻。

每个人在一生之中都难免会遇到困难和挫折。然而，所有的困难其实都是我们的垫脚石。当你踩在困难的顶上攀爬人生的巅峰，你会发现人生也如游览，无限风光在险峰，而你必须努力向上，才有机会观赏到最美的风景。朋友们，不要再把困难当成是阻碍，而把困难当成是难得的财富吧！

你要相信，你永远比别人更幸运

生活中，我们时常听到有人抱怨自己是这个世界上最倒霉的倒霉蛋、最可怜的可怜虫。殊不知，这个世界上有很多人都比你更悲惨，比你更绝望，也比你更无助。曾经有位名人说，幸福的家庭都是相似的，不幸的家庭各有各的不幸。我们要说，成功的人生都是相似的，失败的人生却各有各的理由。归根结底，谁不想获得成功，拥抱幸福呢？前文我们曾经说过，从人的本性来说，成功是整个人类的终极目标。由此可见，一个人不管此时此刻距离成功有多远，也不管他们真正的言行举止的表现如何，他们的心底里都是渴望成功的。

作为现代社会的年轻人，千万不要因为暂时的不幸就怨天尤人。人生，处处充满着吸引力。如果你整日告诉自己“我最可怜，我最悲惨，我最不幸”，那么你的人生一定变得黯淡无光，充满绝望。相反，如果你虽然身处逆境，却依然满心希望，不停地告诉自己“我最棒，我最幸运，我一定能冲破逆境”，那么即便你暂时被困于命运的逆境，也一定能冲破乌云，重见阳光。不管什么时候，我们都要告诉自己“我比别人更幸运”。如此，你才能怀着感恩的心对待命运的安排，也才能无怨无悔地努力改变命运。

她一定是这个世界上命运最悲惨的女孩，几乎每一个认识她的人都这么认为，唯独她自己不是这么想的。让我们来看看她十几年的人生都经历了什么吧：她五岁时，母亲带着弟弟离家出走，家里只剩下她和父亲、爷爷、奶奶相依为命；七岁时，父亲因为一时想不开，选择了结束生命，还放了一把火把家里的房子烧了，从此之后，她只能和爷爷奶奶住在村里没人要的破房子里，遇到下雨就漏雨；八岁时，她因为上学路上的一场车祸，失去了双腿，但是她不屈服，每天都用爷爷为她自制的轮滑板用手撑着去上学；九岁那年，奶奶也因病去世，爷爷则卧病在床，她以残疾之身在照顾爷爷之余，坚持上学……如今，她已经读完高中，被一所大学破格录取。

所有听到她命运的人，无一不感慨欷歔，说：“你真是最悲惨的人。”她却笑着说：“我不是，至少我还有爷爷，也曾经有过幸福的家庭。在这个世界上，有多少人不知道自己从哪里来，到哪里去，身边更没有亲人陪伴。我比他们幸运得多。”就这样，这个自以为“幸运”的女孩，凭借顽强的毅力读完大学，走入社会。虽然在找工作时因为身体的重度残疾受到歧视，但是她始终非常坚强乐观。最终，一家网络公司听说她的身世之后，决定专门为她设置一个无需东奔西跑的职位，让她能够在移动的电脑椅上完成工作。她刚刚大学毕业就把年迈的爷爷从老家接到自己租住的小平房里，每天都无微不至地照顾爷爷。当别人说爷爷是负担时，她总是幸福地笑着，说：“爷爷是我的家。”

对于这样一个女孩，可以想见她未来一定会是幸福的。这不是因为上天因为她曾经吃了那么多的苦、受了那么多的磨难而眷顾她，而是因为她拥有良好的心态，从不认为自己是多么的不幸。相反，她始终心怀大爱，无比同情那些比她更不幸的人。这样的一个女孩，就像是折翼的天使，虽然降落凡间，却依然有着充满真善美的心灵。

年轻的朋友们，和事例中的女孩比一比，再也不要抱怨自己不幸了。至少，你还有健全的身体，至少你还有疼爱你的家人和关心你的朋友，至少你还有一份能够足以养活自己的工作，至少你每天睁开眼睛都能看到阳光照射大地，花儿迎风吐蕊……拥有这一切的你，是何其幸运啊！

第12章 可以被利用，但不要被身边的人欺骗

每个人都有自身的价值，每个人都努力实现自身的价值。很多时候，我们价值的体现，恰恰在于被他人利用。我们需要知道的是，被利用并非是多么可怕的事情，如果一个人根本不值得被他人利用，也无任何可利用之处，这才是莫大的悲哀。不过，需要注意的是，被利用和被欺骗完全是两码事。我们可以被利用，但是不能被欺骗。

追随成功者，你才能快速积累经验

每个人心中都有追求成功的梦想，归根结底，很多事情的如愿以偿都可以归结于成功。也因此，人们都无比仰慕成功者，恨不得亦步亦趋地跟在他们身后，从他们的身上学到更多人生的经验和成功的办法。毋庸置疑，追随成功者的确是我们迅速逼近成功的捷径，也是非常有效的方法之一。原因显而易见，正如古人所说，近朱者赤，近墨者黑。与成功者在一起交往，耳濡目染，我们也会渐渐养成良好的思维习惯、人格品质。尤其是成功者面对困难和挫折时的态度，对大多数人都会起到积极的影响。

站在喜马拉雅山的巅峰，我们的视野一定会更加开阔。相反，如果你站在低洼的山谷中，视野是一定会受到局限的。以成功者的经验为基础，我们就相当于站在巨人的肩膀上，起点也会更高。与成功者为伍，使得我们无形中更加接近成功，也沾染了更多的成功的信息。这就是很多人都愿意成为成功者的助手，哪怕付出长久的时间和无限的精力，也心甘情愿地受成功者调遣的原因。

正因为如此，成功学大师卡耐基的课程才受到无数追求成功的人追捧。即使曾经担任英国首先的丘吉尔，也以拿破仑为自己的榜样，潜心向拿破仑学习。

曾经，他是一个非常不起眼的男孩。他非常胆小，也缺乏自信，不管什么时候都表现得畏畏缩缩，似乎心里藏着什么不可告人的秘密。随着年岁的增长，他的紧张还加剧了他的口吃，他总是结结巴巴的，即使花费很长时间也无法清晰地表达自己的想法。对于这样的状况，他心知肚明应该改变。为此，他决定参加培训课程，学会当众演讲。这对于既口吃又自卑的他，简直太难了。但是，只有改变现状，他才能迎来转机。他很清楚这一点。

在第一节培训课上，当其他同学都忙着记载老师所教授的演讲知识时，他却目不转睛地盯着老师，在心里暗暗模仿老师的一举一动。甚至连老师讲话时不易觉察的口头禅，他都学而时习之。整个培训课程结束时，他已经不再是那个唯唯诺诺的男孩了，他变得自信果敢，甚至敢于当着全班同学的面介绍自己，发表慷慨激昂的演讲。这一改变，让他欣喜若狂。然而，他很清楚，只有勇气是不可能成为演讲能手的。他认真地记载下老师在课堂上推荐的必读书目，一本一本地，或买或借，全都认真读完。如此一来，他才成为一个真正具有真才实学的演讲能手。就这样，在而立之年，他成为了一名真正的演讲大师。

虽然说成功没有捷径，但是他所选择的道路，无疑是非常讨巧的。和大多数同学只靠死记硬背，再慢慢领悟不同，他选择的方法效果是非常立竿见影的。的确，如果说成功有捷径，那就是追随成功者的脚步，尽量踩在他们的肩膀上，在短时间内最大限度地接近成功。这一切，都是前人无数的经验教训才得到的真谛。

尤其是在现代职场上，很多初入职场的年轻人或者是应届大学毕业生，刚刚踏入工作岗位就遭遇了上司的下马威。那么不如想一想，上司与你既无冤，又无仇恨，有何必要一看到你就与你针锋相对呢！他们之所以处处挑剔你的毛病，只是为了让你在最短的时间内取得最大的进步。如此一来，你才能迅速成长起来，在职场上独当一面。从这个角度来说，这些你眼中所谓的“仇人”，其实都是你的恩人，是帮助和督促你成功的贵人。从今天开始，不要在乎上司对你的颐指气使，不要在乎上司的态度是否和善，只要能从上司那里得到宝贵的经验，你就应该视上司为你最大的贵人。怀着一颗虚心学习的心，你才能从每个值得你学习的人身上汲取经验和养分。

如何与上司博弈，你才能被利用而不被欺骗

作为下属，被上司颐指气使是很正常的事情。尤其是对于正常的工作安排，上司如果刻意多分派一些工作给你，你根本说不出什么来。很多职场人士一看到上司的那张冷脸，就觉得自己受到了侮辱，或者是不公正的对待。其实，就像我们作为下属没有义务对上司阿谀奉承一样，上司也没有义务总是对下属笑脸相迎。从本质上说，我们与上司之间是在进行等价交换。你付出了劳动，包括脑力劳动和体力劳动，上司则付出了薪水作为对你辛苦工作的报酬。这难道不是一种非常平等的关系吗？也因此，我们既无需要求上司对我们笑脸相迎，也无需对上司阿谀奉承。只有正确处理好与上司在工作中的关系，我们才能保证自己最基本的权利和义务。

现代职场，人际关系错综复杂。很多上司不但利用下属，而且还会欺骗下属，或者把自己对下属的承诺抛之脑后。遇到这样的上司，我们又该怎么办呢？无论我们想用怎样的办法应对，有一点都是必须坚持的，即我们可以被利用，但是却不能被欺骗，也绝对不会接受欺骗。我们在前文说过，被利用，说明你还有被利用的价值。那么，如果你总是安之若素地接受上司的欺骗，则上

司一定会认为你愚不可及，甚至变本加厉地欺骗你。这一点，是不可忍耐的。

这次找工作，丝丝如愿以偿地成了助理。她所应聘的是一个很小的单位，名头是教育部直属的科学教育师训计划小组。进入新单位好几天，丝丝才明白这个办公室其实就是对全国各地的学校老师进行简单的培训，然后进行考察，最后就是发一个“科学教育实验基地”的牌子给学校。不过，前提条件是这些学校必须每年缴纳一定的会费，而办公室每年都会以培训学习、进行实地考察为名义，然后吃吃喝喝。

虽然是作为助理被招进来的，但是办公室主任却接连好几天都没有交代丝丝做什么工作。就这样，丝丝每天百无聊赖地整理资料，听办公室里两个退休之后返聘回来的老教师闲聊天，再或者就是与同事说说八卦。眼看着一个月的时间都快过去了，丝丝还是不知道自己该做什么。直到有一天，原本负责与各个学校联系的露露突然对她面露不悦，丝丝才意识到一些什么。后来，和丝丝交好的一个同事告诉丝丝：“实际上，张主任选你来，就是想让你架空露露。你知道吗，露露现在不太服张主任的管理，因为办公室里的很多工作都是露露一手经办的。所以，现在看似老板是张主任，主管实际上却是露露。”听到老板居然出于这个目的招聘自己进来，丝丝也有些不高兴。她对同事说：“这样啊。我其实是怕与人钩心斗角的，坦白说，你要是不告诉我，我还不知道得几个月才能看穿呢！但是，我倒是不怕被利用，只是不知道从何着手工作。最可悲的是，老板当时说就是招聘助理，让我负责整理论文什么的。”思来想去，露露觉得这个老板心思太重，也不愿意被老板当枪使，因而就提出了辞职。

丝丝不怕被利用，但是不喜欢被欺骗的感觉。的确，老板在选择一名员工时总是有着各种各样的原因，只要能够以诚相见，这些原因对于求职者而言其实并不重要。很多人都把下属与上司的关系看成是一场博弈，在上述事例中，博弈的对象却是丝丝和露露。可笑的是，露露是始终保持警惕状态的猎豹，丝丝却是无知无觉的小猫，两者根本不可相提并论。

现代职场上，钩心斗角、尔虞我诈的现象普遍。和以往的上司与下属之间是紧密团结、利益相关的整体关系不同，如今的上司和下属之间也会产生利益的冲突，也会有阴谋的存在。作为年轻的下属，我们一定要擦亮眼睛，可以被利用，但是坚决不被欺骗，更不能违背自己做人做事的原则。真正明智的年轻人，即使表面上不好与上司针锋相对，也会佯装顺从，暗地里再想对策。有些年轻人还会将计就计地被上司利用，获得主动，最终抢占先机，获得成功。

被利用，证明你还有被利用的价值

现代社会，人与人之间充斥着利益关系，因而，有无数人因为自己被他人利用而忿忿不平，归根结底，他们是觉得自己没有从中得到任何实质性的好处。实际上，被利用即使没有给你带来好处，也证明了至关重要的一点，即你还是有利用价值的。如此间接证明，你是一个有能力的人，在他人眼中有一定的分量。尤其是很多年轻人，在初入职场之际，总是觉得自己成为他人利用的廉价劳动力，不管什么脏活累活都要抢着干，或者被强迫着干。其实，有句俗话说得好，力气是用不尽的。即使你今天很累，经过一夜的休息，第二天依然会生龙活虎，活蹦乱跳。因此，作为年轻人，根本无需因为自己被迫多付出了多少而抱怨，因为任何付出都终将有收获。即使这种收获不是金钱和物质上的，也会体现在你的精神、经验和人生阅历上。既然如此，作为新生代，你为何不能做到主动付出，被利用了也不怨声载道，而是借助于被利用的机会，努力地提升自己，让自己的能力更强呢！只有这么做，才是最明智的。

常言道，不怕被利用，最怕你没用。试想，如果现在你整日闲待着，没有任何人想到利用你，甚至最简单的工作也不愿意分派给你做，那么只能说明你是个一无是处的废物。这样的人生，岂不是更加悲哀。在职场上，被利用根本不可怕，最可怕的是一无是处，毫无用处。明智的年轻人，即使知道自己被利用，也会微笑以对。既然被迫也是接受，微笑也是接受，为何不坦然接受自己被利用的事实呢！微笑着面对，还可以让利用你的人对你心生好感或者感激，从而更加愿意亲近你，提拔你。如果这个人是你的上司，那么他一定会因为与你的合作最愉快，从心底里把天平更加倾向你。这样的被利用，无疑是收获丰厚的。

小刘和小皮一起进入这家公司工作，他们都是应届大学毕业生。也许是因为觉得年轻人需要锻炼吧，上司每次有额外的工作，总是不由分说地安排给小刘和小皮完成。为此需要经常加班的小刘觉得这是上司对自己的器重，因而总是快乐地接受。与此恰恰相反，小皮总觉得这是上司利用职务之便分给他们多余的工作，因而对上司满腹抱怨。

后来，上司渐渐感觉到小皮的抱怨，便不再多分工作给小皮。小皮每天都能按时下班，看到下班之后必须继续加班的小刘，他不由地说："你呀，就是太老实了。你看看，上司怎么不敢再利用我了呢！"小刘不以为然地说："我们都刚刚毕业，缺乏工作经验，多做点儿工作没什么不好的。我就当是学习了吧！"对于小刘自我安慰的阿Q精神，小皮不由得露出鄙夷的神情。然而，三个月试用期到了之后，上司却淘汰了小皮，只留下小刘。至此，小皮才恍然大悟：原来，上司不是因为觉得他不好惹就不再烦劳他，而只是放弃利用他。对于一个已然失去价值的员工，哪个上司还会留恋呢！

在这个事例中，小刘之所以被留下，正如小皮所说，是因为小刘还有利用的价值。和小皮的黯然离开相比，最可悲的不是被利用，而是在上司眼里失去了利用价值。年轻的朋友们，初入职场的你们是否也曾经遭遇这样的困境呢？

你当时是怎么做的？在看完这篇文章以后，如果还会遇到这样的情况，你又会怎么做呢？

力气总是用之不竭的，因而如果私人生活能够合理安排好，作为职场新人，多做点工作总是没错的。想想看吧，多少成功人士在奋斗的阶段都比我们更辛苦，更劳累。从现在开始，让我们也浑身充满干劲地开始奋斗和拼搏吧！记住，即使被利用，也是一种荣耀，千万不要哭丧着脸面对哦！也许，你的机遇就隐藏在你被利用的过程中呢！

听取他人意见，并不意味着失去主见

在古代，即使贵为一国之君，也必须要听从大臣的劝谏。尽管自古以来很多大臣都因为畏惧国君的威严，不敢对国君直言相谏，但是依然有很多忠臣冒死相谏，也因此历史上出现了唐太宗这样的盛世明君，有了贞观之治的盛唐。的确，上至天子，下至普通百姓，每个人都应该学会接受他人的意见。只有博采众长，才能让我们的思想更加明智，决策更加英明。

需要注意的是，听取他人的意见，并不意味着我们就要失去主见。在任何情况下，那些给我们提出宝贵意见的人，都只能站在他们主观的角度，尽量客观地给我们建议。但是，他们并不能真正代替我们去思考，也不能完全理解我们的体验和感受。为此，我们只能综合自身的情况，适当地听取他们的意见，而不能完全听从他人的安排。归根结底，每个人都要对自己的人生负责。

魏征，作为著名的谏臣，深得唐太宗李世民的喜爱。李世民文韬武略，把国家治理得繁荣昌盛，国泰民安。他之所以如此清廉，与魏征的直言进谏是分不开的。在李世民的心中，魏征不但是一个忠心耿耿的大臣，更是他直言相谏的朋友。

有一次，魏征当着满朝文武百官的面，与唐太宗争得面红耳赤。唐太宗盛怒之下，好不容易等到退朝，气呼呼地回到后宫，在长孙皇后面前说："这个可恨的乡下人，我早晚要让他脑袋搬家！"看到唐太宗怒不可遏的样子，长孙皇后赶紧问："是谁惹陛下这么生气？"唐太宗愤怒地说："还不是魏征那个可恨的家伙嘛！他总是当着文武百官的面让我下不来台，我必报此仇。"听了唐太宗的话，长孙皇后一语不发地回到卧室，换了朝服，跪拜在唐太宗面前。唐太宗惊讶地问："你怎么了？"长孙皇后说："我听说，自古以来，只有君主贤明，才能出现正直的大臣。如今，魏征居然敢于公然和您争辩，可见陛下一定是英明的。如此可喜可贺的事情，我怎么不恭喜陛下呢！"听到长孙皇后这么说，唐太宗不由得喜笑颜开，对魏征怒气全消。在魏征因病去世后，唐太宗伤心地说："以铜为镜，可以正衣冠；以史为镜，可以知兴替；以人为镜，可以明得失。我失去了魏征，我失去了一面镜子！"由唐太宗的话里，可以知道他对魏征的深厚感情。

古人云，兼听则明，偏信则暗。不管什么事情，我们都应该多多听取他人的意见，这样才能避免自己的言行出现重大的过失。不过，凡事都有度，过犹不及。倘若一味地遵从他人的意见，就会让我们失去主见，反而导致事与愿违。没有主见的人，就像是墙头上的狗尾巴草，总是随风摇摆，人生根本没有方向。前文已经说过，任何时候，我们的心中都要有一盏明灯，指引和引领着我们不断向前，接近人生的梦想。

对于每个人来说，成功都是我们毕生追求的梦想。然而，在通往成功的道路上，我们难免会遇到坎坷和挫折。越是在危难的时候，我们越应该坚持自己的主见，这样才能做出最明智的选择。总而言之，唯有自信、自强、果敢，我们才能踏踏实实地走好属于自己的人生之路。

可以忍受利用，但绝不要忍受奴役

既然被利用，是证明了我们有被利用的价值，那么急迫地想要实现自身价值的我们，当然可以忍受。但是，奴役则不同。所谓奴役，多多少少带着居高临下的态度，有些颐指气使下达指令的霸道。这与我们所坚持认为的人人平等是相互违背的，就像前文所说的，上司和下属之间只不过是一种等价交换，各取所需。如果上司对于下属既没有尊重，也没有人格的平等，而是单纯的奴役，则一定不能忍受。

虽然现代社会的很多年轻人因为工作难找在而压力山大，迫切地想要找到工作。正是受这种心态的影响，他们之中的很多人在被上司奴役时，都敢怒不敢言，只能忍气吞声，忍辱负重。殊不知，这样隐忍的态度只会导致不自量力的上司变本加厉，甚至觉得你就是那个最好欺负的人。俗话说，人善被人欺，马善被人骑。虽然欺软怕硬的人并不多，但是有些人的确就是如此。因而，在涉及原则性问题时，我们必须坚持原则，决不妥协。

小张和小王都是马经理的心腹。近来，马经理和蒋经理为了争夺副总的位置，展开了白热化的竞争。马经理一心一意想当上副总，但是经过综合分析，他遗憾地发现他并不比蒋经理有多少优势，反而在资历上比蒋经理要浅一些。尽管有些公司高层喜欢提拔新生力量，但是大多数公司高层还是愿意提拔那些经验丰富、做事老成的“老人”。为此，马经理思来想去，决定采取一个下三滥手段。

原来，马经理和蒋经理都分别管理着集团旗下的大酒店。在这竞聘的节骨眼上，如果蒋经理所管辖的饭店出现问题或者纠纷，那么马经理的晋升不就水到渠成了吗！想到这里，马经理不由得激动起来。他决定，把这两件事情交给小张和小王去办。在听马经理讲述完事情的前因后果之后，小张陷入了沉思，小王却当即拍着胸脯保证完成任务。后来，小张对马经理说："经理，不是我不想帮你，但是咱们必须展开正当竞争，不能使用下三滥的手段。否则，一旦出现问题，对于大家来说都是个大麻烦。我想，我真的帮不了你。但是，我可以在酒店经营和管理上投入更多的精力，为您分担忧愁。"说完，小张就告辞了。自告奋勇保证完成任务的小王，则留下来和马经理商量具体的办法。最终，小王东窗事发，不但丢了工作，还被检察院以危害公共安全罪拘禁。

小王没有把握工作的原则，即作为下属可以被利用，却坚决不能被奴役。下属也是人，也有自己为人处世的原则。作为上司，不可能为了私人的利益诱导下属去做违法犯罪的事情。遗憾的是，小王明明知道这是上司的奴役，却心甘情愿地接受了。最终的结果让人心生遗憾，小王不但没有得到马经理承诺的高官厚禄，反而锒铛入狱。小张呢，在事情水落石出之后，得到顺利晋升的蒋经理的重用，职业前景一片光明。

现代职场利益纠葛很多，每个人都为了成功不择手段。然而，成功也要是光明正大的，不能使用见不得人的卑劣手段。作为下属，我们虽然要忠诚于上司，但必须搞清楚，作为忠诚，只是指工作上的鼎力相助，而并非毫无条件地妥协和被喝令。只要我们守住自己做人做事的底线，上司就没有办法彻底地奴役我们。要记住，每一个个体都是有尊严的，只有成为大写的人字，才能傲然屹立于天地之间。

藏拙，才能在被他人利用时伺机而起

面对被利用的现状，有人选择逃避，最好逃得远远的，再也不与利用自己的"恶人"见面。有的人呢，则会采取迂回曲折的办法，坦然接受他人的利用，然后再寻找机会证明自己，最终一举获得成功。就像是勾践当年被吴王抓到吴国之后，他并没有寻死觅活，而是主动降低姿态，给吴王的父亲看守坟墓，从而让吴王打消对他的戒备心理，最终获取吴王的信任，放他回到越国。这样，他才有机会卧薪尝胆，东山再起，为父亲和国家报仇雪恨。这就是潜伏的力量。

在职场上，很多刚刚毕业的大学生都缺乏经验，却又对职场充满浪漫的理想主义，根本不知道现实的残酷。对于这些年轻人而言，任何的利用都是不可忍受的。因此，他们一旦发现自己被利用，马上就会奋起反击。殊不知，对于羽翼未丰的他们来说，根本没有力量与上司抗衡，最终只能落得失去工作或者遭遇雪藏的结局，实在是得不偿失。明智的年轻人，能够意识到他们之所以被利用，是因为他们有可被利用的价值。因而，他们对于被利用的现状安之若素，根本不会反应过激。当然，他们也并非想要这样度过未来的职场生涯，因而他们蛰伏起来，为自己寻找最好的翻身机会。

老子曾经说过，真正聪明的人，不会居功自傲，或者是肆无忌惮地显露才华，而是大智若愚。这不但是中华民族历史悠久的美德，也是一个人真正成长和成熟的标志。遗憾的是，现代社会的很多年轻人动不动就怨声载道，根本不能做到静下心来等待时机。读者朋友们，你们一定要记住，抱怨永远于事无补，只有暗暗地积蓄能量，你才能做到厚积薄发。

进入这家公司后，几乎是在同一时间，张猛就开始了加班生涯。并非是张猛愿意加班，而是他的顶头上司玛丽斯生，总是一副居高临下、盛气凌人的模样。张猛既然不想失去这份得来不易的工作，就只好选择忍气吞声。他暗暗安慰自己：没关系，我正好对公司业务也不熟悉，多做点儿工作正好帮我尽快熟悉业务，总有一天我会让他们刮目相看。

如此连续加班三个多月，张猛实在有些按捺不住了。突然有一天，老总宣布公司承接了一个大的设计，要采取竞争的方式选定负责人。在老总公布设计要求之后，张猛就开始偷偷地准备。他不但查阅了大量的资料，而且花费了很长时间了解客户公司的背景，熟悉客户公司有史以来那些文案的风格和特色。因为张猛坚信，既然是选拔人才负责大的设计，就一定会让客户公司派出代表进行评判。由此一来，迎合他们的喜好就显得至关重要。张猛这段时间持续加班，早就已经熟悉了公司的业务流程和要求，因而心中很有把握。

在报名参赛之后，当玛丽看到张猛也在参赛者名单中时，不由得露出了鄙夷的笑容。然而，让玛丽大为惊讶的是，在作品上交之后的第二个周一，老总当着所有人的面宣布客户方对张猛的设计方案特别满意，决定就由张猛负责这个设计项目。这个结果，让所有人都瞠目结舌，唯独张猛毫不意外。

张猛无疑给玛丽上了生动的一课。对于新进公司的职员，玛丽总是拿出一副高高在上的样子，却不知道人外有人，天外有天。张猛呢，忍受了三个多月的加班生活，总算没有白白付出辛苦。虽然在承接这个大的设计项目之后，他还会因为工作需要继续加班，但是这再也不是被玛丽利用了。如今的张猛扬眉吐气，心情舒畅，摩拳擦掌地等待在事业上大展宏图。

现代职场人际关系非常复杂，上下级之间钩心斗角，为了争夺利益，每个人都机关算尽。在如此严酷的情况下，作为年轻人，我们一定要有卧薪尝胆的精神，尽力隐忍，等到最好的时机再证明自己的强大实力！

任何时候，都不要被他人抓住把柄

这一章，一直在强调职场的阴暗和钩心斗角。事实上，自古以来，有人的地方就有江湖，有人的地方就有心机，有人的地方就有明争暗斗。这是不容争辩的事实。那么，我们如果想要逃避，除非逃到荒无人烟的深山老林里去，才能彻底摆脱人与人之间的算计。当然，仔细想一想就会知道，作为群居动物的人，根本不可能脱离人群生活。既然如此，我们就只能面对这纷繁复杂的世界，时刻保持警惕。

人们常说，明枪易躲，暗箭难防。就像是与人相处一样，和君子打交道根本无需费心，因为君子坦荡荡。反而是与小人打交道，必须万分小心，因为小人长戚戚。面对小人，最容易遭受背后的暗算。和小人的阴谋诡计相比，君子坦然地说出对你的不满或者批评，你完全应该怀着感激的态度虚心听取。

在现代职场上，最可怕的事情就是被他人抓住把柄。因为一旦被抓住把柄，如果你没有办法在短时间内摆平，就会接二连三地被他人利用。最让人烦恼的是，这种利用是你即使心知肚明，也无法拒绝的。生活中，有许多事情是因为被他人抓住把柄，导致人们陷入被动，甚至不得不铤而走险，做出违反道德和法律的事情。前段时间，网络上流传的一则新闻，一个全职家庭主妇因为寂寞，在网络上与异性聊天，开展网恋，后来被异性约出去，却被下了迷药，拍了裸照，最终过上了梦魇一般不堪回首的生活，导致家破人亡。如果可以再次选择，我想这位主妇一定不会再重蹈覆辙。

莹莹在大学里是学金融的，大学毕业后，她的父母托人找关系，才让她进入这家在业内声名显赫的金融公司实习。莹莹很珍惜这次实习的机会，工作上一丝不苟，认真努力。然而，也许是因为缺乏工作经验吧，在处理一份报表时，莹莹还是算错了一个数据。当时，主管因为记性不好，忘记了这份报表是莹莹负责的，因而只在会议上要求艾薇负责改正，没有深究。

不过，有个人知道这份文件是莹莹负责的，他就是大明。原来，那天莹莹在做这份文件时，因为有个数据拿不准，所以特地向大明请教。就这样，大明知道了一个莹莹的小秘密，还是在影响莹莹实习期结束后能否留在公司继续工作的危急关头。从此之后，大明就开始有意无意地让莹莹请他吃饭，或者帮他干一些分外的工作。莹莹忐忑不安，她猜到大明是抓住了她的把柄故意要挟她。思来想去，莹莹主动找到主管承认错误，并且主动要求修改自己做错的报表。主管看到莹莹如此坦荡，反而赞赏地说："很好，咱们与数字打交道的金融人士，就要有这种勇于担当、认真负责的态度。"得到主管的认可之后，莹莹松了一口气，再也不用受到大明的要挟啦。当天中午，大明又让莹莹请他吃饭，莹莹挥了挥手里的表格，说："不好意思，我得纠正我的错误，下午还要交给主管呢！"看到这份表格，大明显然明白了。他不好意思地笑了笑，独自离开了。

莹莹的做法无疑是明智的。俗话说，世界上没有不透风的墙。如果莹莹一直不敢承认错误，那么大明就会总拿这件事情要挟她，让她难过和提心吊胆。与其等着事情的真相从赚不到油水的大明嘴里传出去，还不如主动找主管承认错误，给主管留下了良好的印象，反而把坏事变成好事了。

缺乏工作经验的年轻人难免会在职场上犯各种各样的错误，一旦犯了错误，我们就要主动承担责任，勇敢承认过错，千万不要被别人抓住把柄。记住，纸是包不住火的。只有努力地改变自己的心态，坦然地接受一切好或者坏的结果，我们才能坦坦荡荡地做人做事。

第13章　抱怨别人时，也想想去怎样改变自己

人生的道路原本就是充满坎坷和挫折的，一个人即使权势再高，拥有无数的财富，人生的旅程也不可能一帆风顺。当遇到不顺时，我们与其喋喋不休地抱怨，不如改变自己的态度，更加积极乐观地对待生活。举个最简单的例子，你抱怨天气不好，阴雨连绵，却无法改变天气，不如调整心情，让自己的心在雨天依然能够晴空万里。归根结底，只有心态改变了，我们才能从容面对外界的一切情况。

年轻人压下肝火，与其斗气不如争气

现代社会，生活压力越来越大，生活节奏越来越快，导致很多年轻人的脾气也越来越暴躁。行走在街头巷尾，越来越多的人因为一时的愤怒，与他人产生激烈的争执，甚至酿成大祸。即使是对身边的亲人、朋友，人们也似乎失去了耐心。尤其是在竞争激烈的职场上，更多的年轻人因为争夺利益，与同事发生纷争，导致同事关系极度恶化。这一切，都让生活失去了和谐与融洽，导致硝烟四起。

其实，斗气与争气虽然只有一字之差，但是却差之千里。所谓斗气，顾名思义是因为生气故意与他人对着干，不但不能提升自己，反而会因为一时冲动，导致彼此之间发生剧烈争执或者打斗，造成恶果。那么，如果我们在与他人生气之后，不是选择斗气，而是选择争气，我们则更容易成就自己。所谓争气，是激发自己的潜能，竭尽所能地让自己做到最好，做出属于自己的成就，

这样一来，就能让自己获得成功，引来他人的羡慕。这就是争气的最好诠释。那么，作为年轻人，一定要争气，而不要斗气。要知道，青春宝贵的时光转瞬即逝，唯有争气，才能不负自己。

一个年轻人血气方刚，刚刚找到新工作没多久，就因为工作上不合理的安排与上司顶撞起来。虽然后来彼此也都表示了和解，但是他心中却始终憋着一口气。不管上司让他做什么，只要心中不满意，他马上就会毫不客气地与上司顶撞起来。渐渐地，上司对他失去耐心，向总经理汇报："对于这样一个员工，即使他能力再强我也不愿意再用，更何况他除了意气用事，没有任何优点呢！"就这样，年轻人失去了工作，只得再继续四处奔波，寻找新工作。

在当今人才过剩的年代，找工作其实是很难的。年轻人再次找工作并不顺利，而是处处碰壁。如今，他才感到后悔："如果我当时不与上司斗气，而是更加争气一些，把工作做到最好，只怕他想找茬，也没法找茬。现在，我因为与上司斗气，不服从上司的管理失去工作，要是一切能够重新来过多好啊！"

在这个事例中，年轻人在与上司之间发生冲突后，虽然和解了，却处处与上司过不去，导致上司最终对他忍无可忍，只好把他辞退了。后来，在找工作四处碰壁的情况下，年轻人才开始感到懊悔。的确，如果他能够做到争气，把工作的各个方面都圆满完成，那么即使上司对他有什么不满，也没有机会表达出来。而且，他还会因为出色的工作能力，得到很好的发展。如此截然不同的结局，就是斗气与争气的不同结果。

常言道，人生不如意十之八九。这些不如意，既包括发展的不如意，也包括人际关系的不如意。其实，职场上的人际关系向来是重头戏，因为现在已经不是个人英雄主义的年代，一个人即使能力再强，也不可能把所有事情都做到最好。人生，比的不是谁比谁的脾气更大，也不是比谁比谁更倔强。真正的强者，能根据自身的情况，多争气，少斗气，真正证明自己。

与其抱怨他人，不如毅然崛起

人生，看似漫长，实则非常短暂。每一天的二十四个小时，我们至少有三分之一的时间用于睡眠，吃喝拉撒又要占去几个小时，再发发牢骚，真正用于工作的时间其实少之又少。现代的职场上，大部分单位的工作时间是八个小时。在这名义上的八小时内，有多少职场人士依然要分出一部分时间用于抱怨呢？或者是在心里默默地抱怨，或者是与其他同事相互发牢骚。无论采取哪种方式，其实都是在浪费时间。

抱怨有什么用呢？一味地抱怨，只会让我们浪费时间，而对于解决问题没有任何好处。诸如，你与同事抱怨上司总是脾气暴躁，动不动就火冒三丈，不如用这个时间提升自己的能力，让自己在工作上少犯一些错误，多做一些努力。还有些人不仅仅抱怨上司，也抱怨父母没有权势和金钱，不能给他创造更好的条件；抱怨命运对他不公平，总是不让他交上好运；抱怨爱人不够体贴，没有做到细致入微地照顾他……这么多的抱怨，简直要把人压垮。然而，即便心头因为抱怨而郁闷得喘不上气来，事情依然没有任何改观，甚至因为你无休无止的抱怨，变得更加糟糕。

麦克是个充满抱怨的孩子。他的父母都是残疾人，他的母亲腿部有残疾，必须整日坐在轮椅上，只能依靠给有钱的人家缝缝补补赚钱过日子。他的父亲又聋又哑，总是一声不吭地闷头干活。自从懂事之后，麦克就一直很自卑。他很恨自己的父母，恨他们为什么不能像其他健康的父母那样，给他优越的生活条件，陪伴他快乐地成长。

直到大学毕业后走入工作岗位的一天，麦克和一位私交比较好的同事说起自己的身世，言语间依然充满了抱怨。不想，这位同事却羡慕地说："其实，有个人的身世比你更悲惨，他的母亲很早就过世了，他的父亲身患重病。但是，他通过自己的努力拼搏，反而让父亲过上了好日子。"麦克惊讶极了，问："还有人比我的身世更悲惨？"同事压低声音说："咱们的老总，从小就没有母亲，而且父亲重病。听说，他是自己挣钱供自己读大学的，而且还要挣钱给父亲看病买药。不过，他现在的成就是不是让无数人敬仰？他真的是命运的强者。"麦克惊呆了："老总如今已经坐拥几十亿身家，完全是成功人士。"麦克无论如何也不能把老总与那个少年时悲惨的形象联系起来。然而，一切的确如同事所说。其实，老总的奋斗历史在整个公司都不是秘密，甚至在年会上，老总还再次为这些新进公司的职员讲起自己的励志故事。麦克发现，老总的言谈举止间没有任何抱怨，反而流露出对曾经苦难生活的感谢。老总说："是曾经苦难的生活，让我们学会全力以赴地拼搏；是无路可退的绝境，让我更加珍惜活着的每一天；是卧病在床的父亲，让我在小小年纪就学会挑起生活的重担……"听着老总的讲述，麦克觉得非常惭愧。从此之后，他再也不抱怨了，毕竟父母以残疾的身躯努力做工，供养他读完大学，现在该是他回报父母的时候了。

如果一味地沉浸在对父母的抱怨中，麦克这一生一定会悲愤交加。幸好，老总的事例给了他深刻的启示，让他意识到一切其实并没有那么糟糕。和很多人相比，他还是很幸运的。而他之所以毫无起色，就是因为他的怨声载道。他决定从此时此刻开始改变心态，不再抱怨，努力地乘风破浪，扬帆起航。这就是麦克对生命真谛的领悟。

抱怨对任何事情都没有补救的作用，要想改变命运，唯一的办法就是用积极的心态取代消极的心态，从此之后，满怀信心地对待生活。生活，本质就是艰辛的。正如人生充满了酸甜苦辣咸涩一样，只有在品尝各种各样的滋味之后，我们才能意识到甜是幸福的。为了保证人生的正确方向，使人生少走弯路，我们必须摆正心态，积极乐观，怀着感恩之心。

真相不言自明，辩解往往事与愿违

很多人都信奉但丁的那句话，“走自己的路，让别人说去吧！”这句话无非是在告诉我们，每个人都是自己命运的主宰，也是自己生活的掌舵手。唯有真正做到按照自己的意愿生活，才能从容地享受生活，既不在乎他人的看法，也不在乎他人的评价。然而，在生活和工作中，虽然我们特立独行，但是误解却依然时常出现。很多时候，虽然我们问心无愧，却遭到他人的误解，在这种情况下又要怎么办呢？在古代，曾经有三人成虎的典故。意思是说，如果一个人坐在家里，但是先后有三个人跑来告诉他街上有老虎，那么他从第一个人来告知他时的不相信，到第二个人告知他时的半信半疑，再到最后一个人告知他时的深信不疑，期间心理会经历动态的变化。由此可见，人言可畏。

也正因为人言可畏，所以我们在他人交往时，一旦遭到误解，总是迫不及待地想要说明真相。殊不知，大凡误解你的人，一定是不了解也不够信任你的人。既然如此，你急急忙忙地解释，反而更容易招致对方的误解。既然如此，辩解还不如等待真相自然浮出水面，这样更容易让人信服。

妈妈下班回家，看到书房里的花瓶碎了。妈妈很生气，赶紧喊来豆豆质问。豆豆的眼睛里噙着泪水，委屈万分。然而，妈妈看到他的眼泪，更加生气了。豆豆没有辩解，只是告诉妈妈：“花瓶不是我打碎的，请您相信我。”气急败坏的妈妈没有耐心再探查真相，而且她心底里认定是豆豆打碎了花瓶。因为整整一个白天，只有豆豆在家。

到了晚上吃晚饭时，妈妈去喂猫，突然发现猫咪的一个爪子流血了，有一道很深的伤痕。这时，妈妈恍然大悟：平日里，为了防止猫咪进入书房捣乱，书房的门通常是关着的。这次她下班回家时，书房的门居然敞开着，这一定是猫咪偷偷溜进书房，把花瓶打碎了，又割伤了爪子。妈妈再次问豆豆："豆豆，花瓶真的不是你打碎的吗？"豆豆眼里噙着泪水，摇了摇头。妈妈又问："那你有没有进书房呢？"豆豆说："我没有进书房。不过，爸爸今天早晨出门之后，想起来一个文件忘记带了，又回过家，进了书房取文件。"正在一旁吃饭的爸爸马上一拍脑门，说："哎呦，我急急忙忙的，好像忘记关书房的门了。"至此，真相浮出水面：爸爸因为着急，忘记关书房的门，猫咪才进入书房打碎了花瓶，还割伤了爪子。妈妈赶紧向豆豆道歉，问豆豆："妈妈刚刚那么生气地说你，你为什么不解释呢？"豆豆说："妈妈刚才一下班回来，就看到花瓶碎了，一定很生气。所以，我不能辩解，否则妈妈一定会更生气的。"

就连豆豆都明白的道理，我们当然也应该明白。妈妈下班回家，不但辛苦劳累，而且看到花瓶被打碎了也很生气。在这种情况下辩解，无异于此地无银三百两，不但会让妈妈更生气，也会越抹越黑。因此，豆豆选择让妈妈自己发现真相，或者等到妈妈平静下来再解释。很多事情既然已经发生，辩解只能涉嫌推脱责任。既然如此，不如坦然接受，先让当事人恢复平静，再寻找最合适的机会解释清楚。

尤其是在职场上，很多年轻人都会因为各种各样的原因导致工作出现错误。在这种情况下，千万不要在上司发火责备时为自己辩解，即使你真的是被误解的，或者是有什么不得已的苦衷，也一定要先把责任承担下来，让上司消除怒气，然后才能更好地解决问题。等到真相自己浮出水平，是一种大智慧。在很多情况下，事实都将胜于雄辩。有的时候，沉默也是一种强有力的力量，能够更让人信服！

跌倒时，千万不要趴在泥泞的路上哭泣

在人的一生之中，总是有时顺遂，有时坎坷。不管你是出生在怎样的家庭，也不管你生活在怎样的年代，你的一生都不会是一帆风顺的。人们常说，没有丑的衬托，就不会有美的存在；没有苦的衬托，就不会有甜蜜的幸福。的确如此，人对很多事情的评判和感觉，都是在对比之下才能更加鲜活。因为曾经品尝了失败的痛苦，所以你才能加倍感受到成功的喜悦。因为跌倒时伤心的哭泣，所以你才知道走在平顺的道路上是多么幸运的事情。无论我们多么渴望成功，在通往成功的道路上，我们依然无数次地跌倒。这，就是命运帮助我们成长的方式。

曾经有一天，天突然下起雨来。一个人在雨里奔跑，跑着跑着，遇到前方正在慢慢行走的一个人。这个人喊道："下雨了，快跑啊！"不想，那个前方的人回过头来，慢慢悠悠地说："既然前方也在下雨，我们为什么还要奔跑呢？"的确，对于豁达的人而言，既然前方也在下雨，既然已经湿了衣襟，跑不跑也许并没有那么重要。如果把同样的情节套在走路上，道理却完全不适用。试想，你无数次在泥泞的路上跌倒，你坚持着爬起来，继续朝前走。然而，因为路况实在太差，脚下都是淤泥，所以你又一次跌倒。这时，你心中慨叹道：既然注定还要跌倒，我不如不再挣扎着爬起来了吧！然而，你永远地趴在地上，留在原地，人生也再无进步可言。我们不能因为害怕跌倒就拒绝走路，我们不能因为道路泥泞就趴在跌倒的地方哭泣。人生那么辛苦，充满着悲欢离合，但是我们依然要坚强的活着，因为只有活着才能感受幸

福。同样的道理，不管人生多么艰难，也不管道路多么泥泞，我们都要坚持着朝前走。只有继续朝前走，我们才有机会摆脱泥泞，走到人生开阔的阳光大道上去。

高考中，小薇落榜了。原本，小薇的学习成绩还是比较稳定的，考上一个中等水平的大学并非难事。但是，恰巧那段时间小薇的父母正在闹离婚，小薇受到影响，总是心不在焉，难以集中精力复习。

高考成绩出来后，小薇觉得非常伤心。此时父亲已经离开了家，投入到另外一个女儿的怀抱。想到这里，小薇就觉得恨。天底下哪里有这么狠心的父亲，非要在女儿面临高考的紧要关头，拆散女儿赖以为生的家庭。母亲也很难过，她知道小薇心里是很好强的，因而对小薇说："宝贝，不要气馁。这次你高考失利，原因主要在我们大人。尤其是你爸爸，他明知道你要高考，还吵闹着和妈妈离婚，因而影响了你的心情。咱们不争馒头争口气，再复读一年。既然爸爸不在乎你的高考，你就偏要考出好成绩，考上名牌大学给他看看，怎么样？你要知道，你考上名牌大学，妈妈脸上就有光了呢！你，就是妈妈下半辈子的希望啊！"听了妈妈的话，小薇懂事地点点头。她对妈妈说："妈妈，放心吧，我从哪里跌倒的，就从哪里爬起来，继续往前跑。"就这样，小薇整理好心情，义无反顾地参加了复习班。果然，她在这一年的时间里紧咬牙关，从不叫苦叫累，高考时取得了出人预料的好成绩，居然被厦门大学录取了。辞别妈妈的时候，小薇一本正经地说："妈妈，四年大学的时间很快就会过去。人人都说厦门很漂亮，适合居住，我一定要在厦门立足，到时候把你接过去一起享福。"妈妈含泪点头。

小薇无疑是个很有志气的姑娘，面对着被父亲搅黄了的高考，她虽然伤心难过，却丝毫没有气馁。如今的小薇，是厦门大学的学生，她还鼓足一股劲，要在大学毕业后把母亲一起接到厦门享福呢！

常言道，人活一口气，树活一张皮。不管什么时候，我们都不能自暴自弃，放弃整个人生。要知道，机会总是随时随地地出现，而我们要成为那个做好万全准备的人，才能抓住随时出现的机遇。

上帝为你关上一扇门，定会给你打开一扇窗

很多人为打翻的牛奶哭泣，却不知道，牛奶已然被打翻，即使再怎么惋惜，也不可能再变回干净清洁的牛奶，回到杯中。这个道理浅显易懂，很多人一听就能明白。但是等到生活中真的遇到这种情况时，人们却依然难免陷入无穷无尽的懊悔之中，不知道如何自处。就像我们总会犯错误，犯了错误之后勇敢地承担责任，坦然面对就好。但是偏偏有些人，总是永无停休地责备自己，结果没有改变，他的心却已经因为无休无止的自我责备变得千疮百孔。

在人的一生之中，有无数次错过。很多千载难逢的好机会，总是从我们身边悄悄溜走。面对这样的失去，我们难免有些遗憾，但是无需让自己沉浸在悲叹之中。倘若人生的每一个机会，我们都能牢牢抓住，那么人生未免太过匆忙。就像是一首乐曲，有舒缓的开头，有震撼人心的高潮，也有强壮有力的结局，才能精彩绝伦。因此，我们也要坦然接受命运的节奏，在抓住机会的时候拼尽全力，在错失机会的时候养精蓄锐，这样才能在机会再次出现时果断抓住。

在大学四年级的暑假，萌萌跟几个同学一起去了西藏。这是她向往已久的地方，虽然强烈的高原反应让她很难受，但是她依然欣喜若狂。

在西藏玩了一个多星期后，萌萌和同学们才开始购买返程的车票。原本，她们计划第二天就返回学校，但是因为去买票的时候萌萌不小心把身份证忘在

宾馆的桌子上，所以几个人都没有买成票。为此，同去的杜刚抱怨萌萌："萌萌啊萌萌，你简直就是个马大哈，哪里像是个本该心细如发的女孩呢！说了来买票，你居然连身份证都能忘记了。简直是服了你！"说完，他们一行人只好在布拉达宫的广场上瞎溜达，继续感受西藏的蓝天白云。

第二天清晨，他们又去买票，突然听到车站里的工作人员说："太可怕了，简直惨不忍睹。太悲惨了，这些人都太惨了。"萌萌好奇地问："你们在说什么呢？发生什么事情了？"车站里一个中年售票员，告诉萌萌："你不知道啊，昨天晚上的那班车，因为山体滑坡翻车了。整个大巴车都翻到了沟底，车上的人非死即伤，惨不忍睹。"萌萌简直呆住了，这时，脸色煞白的杜刚说："萌萌，你可真是我们的福星啊！大家都是托你的福，才躲过了这场劫难。"原本，因为萌萌忘记带身份证耽误了大家的行程，但是大家却因此而躲过了一劫，也算是死里逃生。

从这个事例中不难看出，很多事情都是具有两面性的。正如古人所说，福兮祸之所倚，祸兮福之所至。也如同流传千古的《塞翁失马》的故事，很多人原本以为自己遭了秧，却不能预知自己也会因此得到福气。既然如此，我们完全没有必要因为一时的得失，就或喜或悲，大喜大悲。

曾经有人说，假如你因为错过太阳而哭泣，那么你终将会错过群星。的确，即使你再怎么哭泣，过去的白日中的太阳也不会再次悬挂在天空中。既然如此，我们为何不能坦然面对夜晚的群星呢？任何时候，都不要因为错过而懊恼不已，否则，你就会与更多的好机会失之交臂。归根结底，人生是不可能圆满的，我们也不可能抓住每一次好运。正是因为有失有得，我们才能在惋惜中，更加珍惜现在手中握着的幸福和快乐。

面对不公平，更应该奋发图强争取发言权

俗话说，十个指头有长有短。人活着，即便是面对父母，也往往会因为兄弟姐妹众多，导致遭遇父母的偏心对待。人们还说，会哭的孩子有奶吃。因为每个兄弟姐妹的脾气秉性不同，和父母的投缘程度也各不相同，因而，父母对待孩子们的疼爱并非是均等的。再如如果你当过老师，你一定知道，你肯定会特别偏爱某一个或者几个学生。也许他们不是班级里成绩最好的，也不是长得最眉清目秀的，但是你就是毫无理由地喜欢他。如此一来，你挂在嘴上的“对每个学生一视同仁”，自然变成了一句口号。

现代社会，很多公司都采取秘薪制。为此，虽然大家全都在一个办公室里上班，但是彼此之间都不知道对方的工资是多少。偶然的机会，如果你知道了隔壁座位的同事拿的工资比你多，你一定会感到忿忿不平。你不停地抱怨：“他工作那么清闲，能力也很一般，为什么就能比我赚取更多的薪水呢？对于这样的人，我可不愿意让我屈居在他之下。我这就要去找上司申请提高薪水，不然我就不干了。”这么做的后果是，你的确去找上司申请提高薪水，但是上司并没有同意，因而你就这样失去了工作，不得不再四处奔波寻找工作。其实，你不知道的是，与上司谈判是有筹码的。例如，你不知道，坐在你旁边的同事虽然工作清闲，但是他有着强大的人脉关系，每年都能为公司争取来几个大客户。如此想来，你和对方相比自然不值一提，上司是宁愿辞退你，也不愿意得罪他的。由此想来，最好的办法是什么呢？就是你非常努力地工作，提升自己的能力，直到自己变成一个举足轻重的人，然后再来与上司谈判。这个时候，你们的天平才能勉强维持平衡，你也才能面对面地平等地坐在上司面前。尽管我们一直提倡人人平等，然而职场上依然因为权利和职位的不对等，根本不可能实现人人平等。上司与下属之间，一定是有管

辖关系的。因此，面对上司不公平的对待，我们必须发奋图强，这样才能为自己争取到话语权。

在这家销售公司，当大部分销售人员都要工作到深夜十点前后才能下班时，王姐总是六点半一过，准时打卡下班。对此，很多同事都不满意，忿忿不平。然而，大家大多都敢怒不敢言，唯有张强，直截了当地当着所有同事的面问经理：“经理，为什么王姐这么特殊，不需要加班？”经理不以为然地说：“一则是因为王姐家里有两个孩子，需要她回家照顾。二则呢，也是最重要的原因。王姐每个月都能做出两三单的生意，你能吗？如果你也能保证每个月签约三单，我也不逼着你去造两个孩子出来的，你也可以准时六点半下班，而且我保证任何人都没有怨言。”听了经历的话，张强默不做声。思来想去，他觉得自己目前来看真的没有能力与王姐相提并论。也真是奇怪，王姐虽然每天早早下班，但是上班时的时间都很高效，因此业绩始终稳居店面第一。对此，大家还真是无话可说。

后来，张强也努力地向王姐学习，工作时一丝不苟，连一分钟都不浪费。等到下班的时候，保证自己可以问心无愧地说“我度过了充实的一天”。等到下班之后，抓紧时间休息，或者和朋友一起尽情玩乐。这样的他，经过一夜的睡眠，又会精神抖擞地面对一天的工作。渐渐地，张强似乎也找到了快乐工作的方法，如今的他，再也不抱怨了。也因为他的业绩逐渐趋于稳定，与王姐一起成为店面的顶梁柱。现在，店长也特批他可以提早下班了。

面对不公平的对待，其实这种不公平的对待在职场上一向存在，而且未来也不可能消失，张强在质疑经理得到答案之后，并没有继续抱怨下去。相反，他开始努力工作，也像王姐一样提高工作时间内的效率，最终不但成功地提升了业绩，也获得了提早下班的特权。这就是张强的明智之处，他用自己的实力为自己争取到了话语权，从而让自己也同王姐一样享受更好的工作待遇。

实际上，命运从来都是不公平的。也许在你为自己考中名牌大学而欣喜的时候，有人却比你考的大学更好，但他因为家境贫寒不得不选择辍学；也许在你顺风顺水的时候，有人总是接二连三地倒霉而且根本想不到合理有效的办法改变命运；也许你刚刚被女朋友提出分手，但是在你黯然落座的公园长椅的不远处，一对珠联璧合的新人正在走上红地毯……总而言之，命运不可能在同一时间兼顾所有的人。那么，我们必须靠自身的努力去改变命运的不公，如果是人为的不公呢？几乎每一个在职场上的人都曾经经历过人为的不公。当你无足轻重时，你只能逆来顺受，或者选择放弃。如果你想通过发声来为自己争取公平的待遇，唯一的办法就是发愤图强，获得话语权。只有这样，你才能以真正平等的姿态出现在上司面前，为自己争取合理合法的一切权益。

把压力化为动力，你的人生之路才能越走越远

谁不想过轻松自如的生活？然而，这只是一个遥不可及的梦想。没有压力的日子，人就会失去奋斗的动力，变得毫无追求。然而，如果压力过大，人也会自暴自弃，彻底放弃希望。由此可见，人既不能全然没有压力，又不能承受过大的压力。这就要求我们，要学会把压力转化为动力，让压力成为督促和鞭策我们进步的力量，只有这样我们的人生之路才有可能越走越远。

每个人都见过汽车急速行驶，也都知道汽车要想实现飞驰，一定是需要动力的。人生也如同一辆汽车，也需要动力才能不断地向前向前。这些动力，或者来自于父母的鼓励，或者来自于心中的梦想，或者来自于他人的竞争，也或者来自于各种各样的压力。现代社会，人们面临的压力尤其大。不但要认真生活，还要努力工作，还要与诸多的同行、同事展开竞争，让自己脱颖而出。

而且，物质的极大发展，也使得每个人的欲望都更大更强。要想满足自己的欲望，我们也必须承受巨大的压力，继续努力奋斗。

自从父亲生病以来，英子突然感到肩上的担子更沉了，压力也成倍增长。父亲的病，在危机时期，每天在医院的花费都要几千元。很快，家里微薄的积蓄就用光了。为此，母亲四处举债，说是哪怕砸锅卖铁也要救父亲的命。英子知道，如果没有收入的支撑，借债的日子也不会长久了。

原本，英子是保险公司的文员，负责行政工作。父亲的病曾经让她一度觉得无法喘息，那巨大的压力简直能让人崩溃。然而，痛定思痛，英子决定想办法多挣钱，这样才能切实解决问题。曾经很害怕从事销售工作的她，主动向上司要求调到销售部门。在保险公司工作的这几年来，她对保险品种和产品已经非常了解，对于工作的整个流程也很熟悉。因此，看到她主动要求转行做销售，上司觉得很高兴。就这样，从未做过销售的英子变成了一名保险推销员。也许是因为有着巨大的压力吧，她虽然发愁，但是在忧愁之余，工作起来就像是打了鸡血一样。很快，英子就成功签约人生的第一张保单，并且一发而不可收拾，销售业绩突飞猛进。英子知道，她每签约一张保单，父亲就能再用一次好的药品，减轻痛苦，尽早地恢复健康。就这样，英子成为了销售团队中的新星，被全公司列为标兵。

父亲突然生病，对于年轻的英子而言，简直是晴天霹雳。不过，她痛定思痛，并没有气馁，而是依然坚强地工作，并且还想办法把自己的行政工作调换为销售工作。相比行政工作的清闲，调换到销售工作自然会变得更加忙碌，这也是很多做惯行政的人不愿意从事销售工作的原因。但是，英子因为压力的推动，居然像打了鸡血一样浑身充满干劲，不得不让人心生敬佩。

每个人的一生都会遇到或多或少的困难，在困难面前，一旦我们示弱，困难马上就会把我们压倒。相反，无论情况多么糟糕，我们都必须保持积极上进的心，始终不离不弃地努力，坚守自己人生的梦想和目标。也许，你曾经没有压力，也会像英子这样，因为压力的陡然出现，而变得更加充满干劲。总而言之，不要把压力当成人生的负担，而是要把压力当成人生的养分。只要你始终贪婪地从压力中吸收养分，你就一定能够快速成长和成熟起来。

第14章　知他人所想，迅速感知他人所说谎言

虽然过于敏感是让人很苦恼的事情，但是在人际关系如此微妙的今天，如果过于木讷迟钝，也是非常不妙的事情。试想，如果别人通过各种各样的面部表情、肢体语言传递给你的重要信息，你却全都捕捉不到，并且对他人的心意浑然不觉，想想事情会多么糟糕吧！要想获得好人缘，要想拥有成功，你必须学会感知他人所想，用你那颗敏感的心。

捕捉他人面部表情，助你更轻松识破谎言

人的面部有无数种微妙的表情，深入了解这些表情，能够帮助我们更加敏感地体察他人的情绪和心理变化，从而了解和走进他人的内心。生活中，总是有些粗心的马大哈，明明别人已经释放出非常明显的信号，他们依然不知所以，自说自话，丝毫体会不到他人的心意。与这样的人相处难免让人尴尬，因为很多话和很多事，其实是没有办法明确表达的。倘若彼此之间心意相通，或者通过捕捉面部表情就能沟通敏感的话题，那一定是种非常美好的体验。

生活中，很多人都讨厌被欺骗。这是因为，被欺骗的感觉使我们觉得自己像个傻瓜，也使我们不知不觉中了别有用心的人的圈套。既然如此，我们一定要学会识破谎言的技能，才能保护自己不受欺骗，也能帮助自己更好地体察他人心理。

丽丽今年刚刚结婚，她和丈夫王凯是大学时期的同学，因而他们彼此之

间非常熟悉和了解。这一天，王凯回家对丽丽说："媳妇，我有个高中同学要来出差，你批准我些经费请他吃饭呗！"丽丽看着王凯，说："哦，你的老家在甘肃啊，你同学居然要来上海出差，真是太难得了。的确该请，该请。"王凯吞吞吐吐地说："啊，其实我这个同学现在不在甘肃，在北京呢！他大学毕业后，就去北京了。"丽丽更惊讶了："你这个同学一定很有才华吧！要不，你介绍我一起认识，咱们请他吃西餐吧！"王凯更结巴了，一边用手摸着鼻子，一边说："这个，这个……我这个同学有些害羞……""害羞，男同学还是女同学？""男的，哦，不不，是男同学，但是还有他媳妇呢！"看到王凯语无伦次的样子，又看到王凯每当撒谎时就习惯性地摸鼻子，丽丽心中有了些猜测，因而她故意逗王凯："你的男同学还带着媳妇，那我就更得去啦。要不然，你一个大男人请人家夫妻吃饭，岂不是很尴尬嘛！你和你同学聊天，我也可以和他媳妇聊天，这多好啊！"听了丽丽的话，王凯只得缴械投降："媳妇，你就别捉弄我啦。我都坦白，好了吧？其实，是我高中时的女同学，曾经，她对我也挺有意思的。要是你也去，是不是有些示威的意思啊。不如，你乖乖在家等我吧，我一定尽早回家。"丽丽这才笑了起来，说："好吧，给你这张卡，不要超过一千元啊！就两个人，一千的经费就足够了。"王凯得令而去，还不忘高兴地亲了亲媳妇。

丽丽是一个非常认真细致的女孩，再加上对王凯的了解，她其实一看到王凯摸鼻子，就知道王凯一定因为撒谎而万分紧张。其实，她早就知道王凯有个高中时的初恋女友在北京工作了，因而王凯说出北京二字时，她马上就敏感地想到会不会是初恋女友呢？再加上王凯说话吞吞吐吐，结结巴巴，又不停地摸鼻子，她就更加确定这一点。然而，鬼精灵的她还是想好好逗弄王凯，看着王凯出出洋相。

很多时候，我们说出来的话也许是经过掩饰的，或者根本就是谎言，但是我们的面部表情却往往出卖我们的真心。因而，要想了解他人内心深处的真实想法，我们也不妨从观察面部表情着手，这样才能真正猜透他人的心思，占据交往中的主动位置。

肢体语言是无法伪装的，你要读懂它们

和语言相比，面部表情是不会撒谎的，和面部表情相比，肢体语言更加无法伪装。要想读懂一个人的内心，除了要认真倾听对方的谈话，仔细观察对方的面部表情，更要用心读懂对方的肢体语言，这样三管齐下，才能保证万无一失。这也是很多警察为什么要翻来覆去地审问犯人的原因。很多时候，经验丰富的警察会故意就同样一个问题，审问犯人很多遍。实际上，这并非是想要从犯人嘴里挖掘出什么，而是要观察犯人的面部表情和肢体语言，从而顺利地找到突破犯人心理防线的办法。

人的肢体语言是无法伪装的，大部分肢体语言都是潜意识里做出来的，根本无法伪装。毋庸置疑，简单的肢体语言我们都能看懂，例如，点头表示认可，摇头表示否定，看着你表示对你的话题感兴趣，背对你表示厌烦……然而，除了这些浅显易懂的肢体语言之外，还有很多能够表现出人们潜意识的肢体语言，我们必须细致掌握，才能灵活运用。

这次，张总代表公司与客户代表团谈判，目的就是要为了给双方的合作加点助力，并且也为己方争取到更加优厚的条件。刚开始时，针对那些基础条件，谈判进行得还算顺利。然而，在进行到最终的时候，涉及双方的切身利益，谈判开始陷入僵局。

仅仅针对利益分成的问题，双方整整谈判了一天，都毫无结果。眼看着次日就是谈判的最后一天，张总不免有些着急。毫无疑问，双方是有诚意合作

的，而且意向很强烈。如果就因为这一点没谈拢，让前面所有的努力前功尽弃，无疑是令人遗憾的。因此，在次日谈判刚刚开始时，张总就使用了攻心术。他借口要接个电话离开了谈判桌，回来的时候，他居然没有坐回之前的位置上，而是坐在了远离原本与他面对面的客户谈判负责人的一个座位上。这时，他感受到对方明显不安起来。没错，他故意坐在这个比较远的座位上，就是想要传递自己的态度。后来，在谈判又进行了大概一小时时，客户谈判负责人去了一趟洗手间，回来的时候也变动座位，再次做到了张总的对面。这时，张总心中不禁暗暗窃喜，因为这恰恰说明对方是很希望谈判能够成功的，而且也做出了和谈的姿态。张总赶紧趁热打铁，率先高姿态地做出让步，并且趁胜追击，让对方也做出了让步。如此一来，谈判终于圆满结束。

张总显然是一个谈判高手，他故意使用伪装的肢体语言，表现出想要结束谈判的意思。这一来，对方果然中了张总的圈套，开始感到不安起来。甚至，对方还故意以去洗手间为借口，趁机做到了张总新座位的对面，这就非常明显地表明了对方的态度和心意。张总深知对方传达的信息，赶紧抓住这个好机会与对方达成合作协议，并且顺利签约。如果不是张总深谙肢体语言的奥妙，这次谈判也就无法如此顺利。

朋友们，不管是生活中还是工作中，我们都需要与他人打交道。既然是交往，就免不了要彼此沟通。其实，沟通除了语言沟通之外，面部表情和肢体语言都起到很大的辅助作用。倘若我们能够研究肢体语言的奥妙，并且使用肢体语言表达自己的内心，也通过肢体语言了解对方的用意，那么我们与他人的交往一定会更加顺利，也会更加细致入微。

眼睛是心灵的窗口，你打开他人的心窗了吗

常言道，眼睛是心灵的窗口。因而，我们在与他人倾心交流或者商谈重要的事时，除了会进行语言的交流，还会进行眼神的交流。对于眼光犀利的人而言，从他人的眼睛里看到他人的心灵深处，似乎也并非难事。不过，这种本领的练就绝非一朝一夕之事，你必须有丰富的阅人经验，还要对交谈的对象有深入的了解。

现代社会，人际交往的重要性已经上升到前所未有的高度。要想在人际交往中完美绽放自己，你除了要伶牙俐齿、巧舌如簧，还要能够读懂他人的眼睛。唯有如此，你才能敏感地体察到对方心思的细微变化，从而及时调整自己，做到与对方真正地合拍。关于眼睛，曾经有很多心理学家都进行过深入的研究。美国心理学家李伯曼曾经经过研究证实：如果人在说话的时候眼睛向左上方转动，则大多数是在回忆曾经的往事。相反，如果人们的眼睛向右转动，则往往是在虚构美好的画面，并且将其当做谎言复述出来。因此，当你看到交谈对象眼睛往左转动时，不妨跟着他的美妙语言一起回味过去；当你看到交谈对象眼睛往右转动时，则一定要保持警惕，不要被他带入虚构的美好幻想之中。

在与罗伯特交谈的时候，马丁发现他的眼球不止一次地往右上方转动。当然，随着他眼球的转动，他的谎言也越来越精湛完美。如果不是马丁能够透过眼睛看穿人们的内心活动，一定会被罗伯特的谎言欺骗。

马丁与罗伯特，是一对好朋友。曾经，他们好得简直穿一条裤子，不分彼此。不过，开始工作之后，马丁发现罗伯特越来越不真诚。诸如这次罗伯特想向马丁借钱，就并没有说出真实的原因。罗伯特告诉马丁他的父亲生病了，是很重很重的病，每天都需要支付高昂的医疗费用。实际上，马丁知道，罗伯特

从开始工作就喜欢攀比，一定是又想买什么昂贵的服装或者是买心仪已久的机车吧。在消费方面，马丁与罗伯特的观点截然不同。如果罗伯特的父亲真的生病了，马丁一定愿意倾尽所有地把钱借给他。但是，罗伯特的父亲并没有生病。罗伯特只是觉得，这一切都有些让人生厌，因而想改头换面，给自己换一身全新的行头。马丁始终认为消费应该量力而行，不能为了面子，或者为了一时兴起，就负债消费。为此，马丁毫不犹豫地拒绝了罗伯特的请求，并且在告别之前对罗伯特说："对于你父亲的病，我很遗憾。如果你愿意，我的姐夫就在州立医院工作，我想他可以为你的父亲预约一个很好的专家。"罗伯特一去不返。

因为能够透过眼睛看穿他人的心思，所以马丁轻而易举地就识破了罗伯特的谎言。马丁并非不愿意帮助罗伯特，只是不想支持罗伯特奢侈地生活。中国自古以来就有相面的说法。虽然从一个人的面相上看透人生并没有科学依据，但是很多时候面部的一些表现或者是神情，的确能够暴露我们内心的很多想法。更何况是作为心灵的窗口——眼睛呢？只要你多多留心，就一定能够发现人们的心中隐藏的秘密。这就像是中国古代的那些江湖术士，一定是因为掌握了洞察人心的诸多秘诀，才能自称拥有读心术，因而畅意地行走江湖吧！

人际交往的过程中，如果你想更加深入地了解他人，走进他人的心里，就一定要学会打开他人的心窗。想想吧，如果你面对一个人，在还没有深入交谈时，就通过眼睛了解了他的真实想法，那么你一定能够一语中的，让对方觉得与你相见恨晚。这岂非是一种非常美妙的体验吗？

前言不搭后语的人，大多数在说谎

人们在说谎时总是有很多反常的表现，诸如挤眉弄眼、满脸通红等。然而，对于一个说谎高手而言，这些外在的明显表现也许都不存在。不过，正如人们常说的，说一个谎，就要再说一千一万个谎才能圆第一个谎。这句话是没错的。说谎就像是一种恶性的毒药，一旦服用，很快全身上下都会产生连锁反应。也因此，说谎的人到了一定的时候，就会前言不搭后语，说话驴唇不对马嘴。我们知道，事实一定是唯一的。但是一旦说谎，事实就会变得不唯一，且因为你的遗忘而变得不确定。如此想来，说谎的人必须费尽心思地牢牢记住自己的谎言，才能减小被戳穿的概率。看来，说谎也不是件容易的事情啊！

很久以前，有个楚国人在集市上买东西。他卖的东西很特殊，是矛和盾。对于普通百姓来说，使用矛和盾的概率很小。不过，对于需要经常用到矛和盾的人而言，他们就非常关心矛和盾的质量。这个楚国人眼看着生意清淡，因而拿起自己的盾开始大喊起来："快来看啊，快来看啊！这里有最坚固的盾。大家都来看呀，这块盾可与普通的盾不同，它的质地非常坚硬，是一次铸造成型的。只要您用了我的盾，任凭多么尖锐的矛，也不能把它刺穿！生命只有一次，我们一定要拥有一块好盾，才能保护自己不受伤害！买了我的盾，您的生命就有了保障！"这番夸大其词的叫卖声，让很多人都围拢过来。人们认真观察着盾，想看看这块盾到底像不像卖家说得那么好。

看到人越来越多了，卖盾的人更加得意洋洋。他拿起自己的矛，又开始夸张地叫卖："诸位英雄豪杰，你们快来看啊！我的矛是最锋利的矛，你们看看这寒光闪闪的锋刃。只要你们买了我的矛。不管别人用多么坚固的盾来抵挡，你一定能马上刺穿他的盾，让他一命呜呼。"正在看盾的人们听到这些话，不由得瞠目结舌。没过多久，一个身强力壮的男人从人群中站出来，质问卖盾的人："你刚才说你的盾是最坚固的，不管多么锋利的矛都无法将其刺穿；你现在又说你的矛是最锋利的，即使最坚固的盾也会被它刺穿。我只想问你，如果用你的矛来刺你的盾，结果到底会怎样呢？"卖盾的人听了这个问题无言以对，灰溜溜地收拾了矛和盾，离开了集市。

在这个历史典故中，毋庸置疑，卖矛和盾的楚国人一定在撒谎。他先是说盾坚固得足以抵挡最锋利的矛，又说矛锋利得足以刺穿最坚固的盾。如此自相矛盾的话，让原本对他的盾很感兴趣的人们心生疑惑，再也不敢相信他所说的话了。做人做事，不管什么时候，说话都要符合实际。如果总是夸大其词，甚至拿说谎当成是正当的语言交流，那么总有一天会被他人戳穿，再也无法得到他人的信任。

生活中，有很多说谎的人都是这样的。因为说谎的人不可能总是记住自己的谎言，所以他们说起话来总是驴唇不对马嘴，甚至自己扇自己的耳光。如此一来，敏感的听众一定知道他们是在说谎。一旦失去了他人的信任，再说什么话都是徒劳无益的。就像我们从小就听过的故事《狼来了》中的那个小孩子一样，当他喊第三次“狼来了”的时候，即使是真的也没有人相信。

诺言和秘密一旦轻易分享，就不再珍贵

生活中，每个人都有自己的小秘密。既然是秘密，就不能轻易地告诉别人知道，因为秘密一旦公之于众，就不再是秘密。同样，生活中人们也会许诺。有些人很少许诺，一诺千金，说出去的话总是努力兑现；有些人则恰恰相反，总是轻易许诺，许诺之后马上抛之脑后，根本不管别人是否对他的诺言寄予厚望，也不管自己的诺言最终能否实现，只管说的时候痛快。对比这样的两种人，我们当然喜欢前者。遗憾的是，一诺千金的人总是太少。

人们为什么总是喜欢承诺自己无法做到的事情呢？通常情况下，人们总是寄希望于未来，或许觉得随着自己能力的不断提升，也就能够兑现诺言了吧。然而，如果总是失言，会迅速降低一个人的可信度。等到以后，即使他真正地

做出承诺，只怕也没有人敢或者是愿意相信了。

诺言和秘密，是语言交流中分量比较重的部分。不但不能轻易说出口，也不能轻易与人分享。生活中总是有些大嘴巴，喜欢和他人分享自己的秘密，殊不知，当一个秘密超过三个人知道，就会变成尽人皆知的事实。而且，分享你秘密的人，也不会再把你放在他心目中那个重要的位置。

杜丽刚刚进入这家公司工作，因为和同事们还都不太熟悉，所以她中午一般都独自吃饭。其他的同事，则三三两两的，结伴而行。一天中午，眼看着同事们都去吃饭了，空空荡荡的办公室里，只剩下杜丽和马燕。马燕走过来招呼杜丽："走吧，一起去吃饭啊？"杜丽当然愿意。这天中午，她是和马燕一起吃午饭的，对于马燕，她的第一印象是马燕很热情很健谈，也非常照顾人。原来，吃饭的时候，马燕把自己碗里最好吃的叉烧肉都夹给杜丽了呢！

后来，马燕就经常在中午时喊杜丽一起吃饭。今天，大概是他们第七次一起吃饭吧，马燕突然神秘兮兮地对杜丽说："杜丽，我告诉你个秘密吧。我呀，其实已经结婚了，但是却迫不得已隐婚。你知道的，像我这样的前台文秘，其实也就是吃青春饭的。等到我人老珠黄的时候，谁还愿意让我当前台啊！"对于马燕的倾心交谈，杜丽觉得有些受宠若惊，一则觉得马燕对她很真心，又觉得马燕突然把自己的秘密拿出来分享，有些突兀。果然，没过几天，杜丽就听见两个女同事边走边聊天："马燕早就结婚了，她自己逢人就说，办公室里的人都知道。"这下子，杜丽验证了自己的猜想：轻易分享的秘密，绝不是秘密。

后来，杜丽偶尔还是会和马燕一起吃饭，但是再也不把马燕的秘密当真了。也因此，杜丽从来不把自己的秘密与马燕分享，因为她的秘密都是只有至亲至爱的人才能分享的。

马燕之所以告诉杜丽她结婚了的秘密，无非是想与杜丽交好。在心理学范畴中，人们有一种互惠心理，即受到他人的好处，就会也给予他人好处；分享他人的秘密，也会把自己的秘密告诉他人，以此作为报偿。幸好，杜丽没有把自己的秘密在感动之余也告诉马燕，否则，一定会弄得全公司人尽皆知。对于马燕这样的大嘴巴，杜丽与其交往时始终保持着谨慎的距离，这当然是明智的选择。

现代社会，信息传播的速度之快远远超出了人们的想象。对于别人轻易分享的秘密，我们一定要保持警惕心理，千万不要轻易用自己真正的秘密与之交换。而且，现代职场上人际关系纷繁复杂，很多人都为了争夺利益，做一些见不得人的事情。在与同事或者上司交往时，一定不要轻易相信他们的承诺。因为，有些承诺说得轻而易举，实现起来却千难万难。只有时刻保持清醒的头脑，我们才能明哲保身，避免自己受到不必要的伤害。

语速突然加快，一定意味着内心波澜起伏

人，真的是世界上最复杂的生物，不但心思缜密，而且在表达方面也独具特色。前文我们说过除了语言交流，还有面部表情、肢体语言等表达方式。其实，即使是语言表达，也不仅仅包括文字本身的含义，很多时候，语速的细微变化也体现出说话人内心的改变。例如，一个人正与你说话时，突然语速变缓，那么一定说明他的内心正在进行思考，或者是挣扎纠结。与此恰恰相反，如果一个人在与你交流的过程中语速突然加快，则意味着他的情绪变得激动，内心深处波澜起伏，甚至有生气的可能。

需要注意的是，语速的快慢并没有特定的标准。例如，有些人性格内向，思维缓慢，因而说话的时候常常语速缓慢。有些人呢性格外向，思维敏捷，是个典型的急脾气，因而他们的语速通常很快。在判断一个人语速是快还是慢

时，一定要以他本人的常态语速为基础，万不可随便用一个人的语速和另外一个人的语速作对比。也许有人会说，如果我不了解他的常态语速，岂不是就不能通过语速得到更多的信息了吗？其实不然。你可以结合他当时的状态、表情和事件，来综合进行判断。当然，如果在此之前你们一直在保持沟通，那么只要和此前的语速进行比较即可。任何事情的判断标准，都不是单一的。只有更全面具体，才能保证得出的结论是接近于正确的。

平平和薛磊是裸婚。结婚时，因为薛磊说不想给家里的父母增加负担，平平就什么都没有要，没有婚纱，没有钻戒，没有婚礼，没有蜜月，更没有房子，没有车子，就连结婚的衣服，都是平平自掏腰包买的。就这样，在现代社会流行裸婚之后，平平总是不屑一顾地说："这叫什么裸婚啊，姐们当时才是真正的裸婚呢！"婚后不久，小生命诞生了。婆婆因为给大儿子家养育一双儿女，所以从始至终没有提出要帮忙带孩子的事情。平平一个人一边工作，一边盯着保姆帮忙带孩子，心里有时候也是抱怨的。每当平平忿忿不平地说"你妈妈就养了一个孩子吗？"薛磊总是安慰她："没关系，我知道你的辛苦。我的父母没帮你分担，到时候我也不会强迫你孝顺他们的。毕竟，他们生养了我，而没有生养你，我也无权要求你做什么。"

话虽如此，在孩子两岁多时，婆婆突然因为心肌梗塞住院了。得到消息后，薛磊回家告诉平平需要回老家一趟。平平不置可否地说："好啊，你自己决定吧。"薛磊欲言又止："你能不能也请假，带着孩子和我一起回去？"平平纳闷地问："为什么？不是有你大嫂吗？"薛磊难为情地说："妈妈觉得一家人都回去，她很有脸面。"平平原本平缓的语速突然加快了，说："觉得有脸面？那么她可曾考虑过我，当初如果有个人带孩子，也会觉得有脸面，也知道自己是在婆婆心目中的什么位置？现在知道要脸面了？要我回去干什么，我又不会伺候人。而且，就算排队也排不到我吧。她出钱出力养大了你哥哥家的两个孩子，却从未管过咱们的孩子一天，伺候她应该是你大嫂的事情吧！现在想起我来了！”平平越说越生气，声调也越来越高。薛磊见势不妙，赶紧拿着收拾好的行李回家了。

即使在全世界范围内，婆媳关系也是头等难题。的确，婆婆没有生儿媳妇，如果还不能做到子女之间平等对待，如何能让媳妇心里觉得平衡呢。中国人向来不患寡而患不均，其实，如果婆婆能够相对平等地对待两个儿子和媳妇，事情也许就不会这么糟糕了。在这个事例中，薛磊还是比较机灵的。在听到平平的语速越来越快时，他感受到山雨欲来风满楼的气息，因而赶紧拎着收拾好的行李开溜了，从而避免了一场家庭战争的爆发。

不管和谁交谈，我们都应该变得更加敏感一些。尤其是当对方释放出明显的信号，告诉你他已经生气了的时候，与其等到撕破脸皮大吵出口，不如趁早偃旗息鼓，防患于未然。只有更机灵，更敏感，我们才能未雨绸缪地处理好人际关系，不再因为无法与人更好地相处而烦恼。

不停地点头不是认可，而是厌倦

在与他人交流时，你是否一直看着对方，从而及时地了解对方的反应，也相应地调整自己的交谈策略？这是聪明者所为。既然我们不是对方肚子里的蛔虫，当然也就无从知道对方是怎么想的，持有怎样的观点。从这个意义上来说，交流其实就是摸着石头过河。就像过河的小马不知道河水是深还是浅一样，我们也不知道对方对于我们所说的到底作何反应，因而只能一边说，一边观察，以便根据对方的反应及时调整，这样才能尽量确保这场交谈不那么引人生厌。

当我们需要征询对方的意见时，我们一定会非常紧张地看着对方，期待对方给予肯定的回复。例如，用语言对你所说的表示肯定，或者用肢体语言诸如点头表示认可。这样，你就会受到极大的鼓舞，继续用心地往下说。毋庸置疑，如果对方摇头，你肯定会心中忐忑不安，生怕自己哪里说错了，或者不合对方的心意。因而，你一定会多多试探，再继续往下说。上面说这些，都是显而易见的。作为听话的人，有一种表现却是容易被你忽略的，即频繁点头或者不停点头。也许你会说，对方不停地点头不是说明他极度认可我所说的吗？事实并非如此。当你的谈话对象听你表达时频频点头，你一定要引起警惕。不停地点头，并非代表着认可，而是意味着他已经对你的谈话感到厌倦，恨不得你能够马上结束枯燥乏味的交谈。

眼看着快要下班了，杜鹃才赶完手里的文件，赶在下班前送给上司。原本说下班前一定要看到文件的上司，看到杜鹃送来文件，觉得很高兴。因此，杜鹃开始进行细致深入的汇报，以便上司能够及时为她指出文件的哪些地方需要改进，这样她也可以利用下班之后的时间及时修改文件。然而，在杜鹃的汇报刚刚进行到一半时，上司就开始频频点头。杜鹃心里很高兴：看来我做的文件很好，所以上司才会这么认可呢！想到这里，杜鹃不由得暗暗窃喜，并且说得更加起劲。

很快，五分钟又过去了，杜鹃还是没有说完。这时，上司开始不停地点头，就像一个只会点头的玩具一样。杜鹃有些纳闷起来，心里忐忑不安。突然之间，她看到上司做出一个看手表的动作，这才意识到上司有可能着急下班。因而，杜鹃赶紧用三言两语结束汇报，还不等杜鹃离开办公室呢，上司就急急忙忙地走了。事后，杜鹃专门学习了肢体语言，这才知道频繁点头不是意味着认可，而是代表着不耐烦。她这才意识到，自己不应该在快要下班的时候去汇报工作，毕竟上司也是人，而不是神啊，一定也有私人的事情需要处理吧！从此之后，杜鹃再也不赶在下班之前汇报工作了。而且，不论与谁谈话，一看到对方接二连三地点头，她就马上结束谈话。如此日久天长，杜鹃越来越受到大家的欢迎。

如果不是无意间看到上司看手表，杜鹃也许还会继续喋喋不休地汇报工作，直到上司极度厌烦地打断她。幸好，上司看手表的动作给了她启示，让她猛然意识到上司不停地点头其实是有含义的。为此，敏感的杜鹃还专门查阅了关于肢体语言的相关资料，真正懂得了听者不停点头的含义。这样一来，杜鹃又多读懂了一个肢体语言，与人交往的时候也变得更加敏感和体贴。

不管是与谁说话，当看到对方不停地点头时，一定要马上结束谈话，给对方自由的时间和空间。谈话，永远不能成为绑架，否则日久天长，大家看到你一定会远远躲开。我们只有读懂更多的肢体语言，才能在人际交往中变得更加敏感，也对他人更加体贴，从而更受欢迎。

第15章　职场站得住，不能光是吃苦而不表功

现代职场，已经不同于几十年前的职场。除了需要任劳任怨、埋头苦干之外，还需要会表功劳。毕竟，如今每家公司都人才济济，想要给上司留下好印象，一定要抓住每一个机会，让上司记住你。尤其是在有了功劳的时候，虽然不能居功自傲，但也不能默默无闻。归根结底，我们不能只有实力，而且要有能力，更要有表达力，只有这样才能真正站稳职场。

能力强的人从不抱怨自己没有舞台展示

职场上，很多人都因为自己的工作毫无起色而怨声载道。当然，他们是不会自我反省，是否是自己能力太差的原因，只会抱怨公司没有给他提供广阔的平台。实际上，那些在职场上叱咤风云的人，刚开始并没有给他们搭建好的平台，让他们能够尽情地自我展示。相反，和我们大多数人相比，他们最初开始创业时，一定是异常艰辛的。然而，他们为什么能够成功呢？就是因为他们从不抱怨，而是任劳任怨。他们也不从外界找原因，而是从自身出发，努力想要改变自己的命运。这就是强者和弱者的区别。

弱者总是怨天尤人，即使客观条件已经齐备，他们也还是不能成功，只因为他们把一切失败的原因都归结于自身以外。强者从不抱怨，即使外界环境恶劣，他们也总是努力提升自己，改变自己以适应外在环境，从而更好地展示自己的实力。正是因为这两种截然不同的心态，导致强者和弱者的命运也迥然不同。

张骞和李赛是一起进入公司的。他们都是大学毕业生，同样是本科毕业，也都没有工作经验。进入公司之后，张骞总是抱怨："上司根本不是伯乐，也不认识我这匹千里马。他只会仰仗那些老人，有了好的、出彩的项目，就交给老人去做。哪里会想到我们这些名牌大学的毕业生，一定是能力更强、创意更好的呢！"相比张骞，李赛则脚踏实地，每天都勤勤恳恳地工作。尽管他的职责只是配合老人做好辅助工作，但是他依然尽心尽力，丝毫不敢懈怠。每当听到张骞抱怨，李赛总是安慰他："不要这样。其实，让我们配合老人也好啊。现在咱们没有任何工作经验，在辅助老人的同时，正好可以熟悉业务流程，看看在设计的过程中有哪些需要注意的事项。这样，等到咱们真正有能力独自运作项目时，就会少犯错误，多立功劳啦！"听了李赛的话，张骞总是不以为然。

就这样过了一年多，张骞和李赛依然是老人的助手。张骞觉得工作越来越乏味，李赛则越来越熟练，不但掌握了业务流程，也从老人那里学到了很多设计的技巧和要点。张骞依然在抱怨，李赛则感慨地说："书本上的理论知识和实践还是有着很大差距的，我跟随老人学习的一年，简直胜过读四年的大学啊！"很快，张骞因为怨声载道，工作上也心不甘情不愿，被公司辞退了。李赛呢，因为在给老人做助理的过程中学到丰富的实践经验，很快就把提拔为设计师，开始独立承担项目。

同样的起点，同样的经历，张骞和李赛职业生涯的结局却完全不同。大学毕业第一年工作，的确应该努力积累工作经验，这样才能迅速把理论知识和实际操作结合起来，从而使自己取得突飞猛进的发展。然而，张骞却始终在抱怨中浪费宝贵的青春，错失了最佳发展机遇。李赛则不同，他坚持既来之，则安之，努力抓住一切机会边工作，边学习，最终两不耽误地实现了能力的飞跃。因此，李赛胜任设计师也是理所当然的。

在职场上，每个人都希望自己能够获得更加开阔的舞台，从而更好地展示自己，证明自己的能力。殊不知，舞台并非是别人搭建好的，而要由你亲自搭建。唯有更好地面对未来，我们才能更好地对待现在。青春时光总是短暂，只有从现在开始不浪费一分一秒，我们才能不辜负宝贵的光阴。任何时候，既然抱怨无济于事，那么我们应该理清思路。与其抱怨，不如从现在开始努力地提升自己，这样才能成就未来。

苛刻要求你的人，恰恰是为了让你快速成长

职场上，很多人都特别敏感，尤其是对于上司或者是其他前辈的严苛要求，他们不是无知无觉，而是想得太多了，觉得对方一定是因为不满意而故意针对自己。实际上，大家往日无冤，近日无仇，他人又为什么为难你呢？他们之所以对你严格要求，甚至近乎苛刻，只是为了帮助你快速成长。上司是为了让你成为他的得力助手，同事是为了让你成为他最默契合拍的合作伙伴，这岂不是都是美好的理由。为此，千万不要抱怨那些严格要求你的人，即使他们的要求过于严苛，也不要一味地抱怨。最好的办法是努力提升自己的能力，让自己变得更加优秀。只要你时时刻刻都做到最好，他人自然无话可说。这么做，最大的好处就是你自身的进步。

任何时候，职场上拼的都是真才实学和不打任何折扣的能力。因此，你唯有提升自己，才能为自己在职场的发展争取到更加广阔的天地，也才能更加竭尽所能地成就自己。俗话说，真金不怕火来炼。蝉的幼虫要在地下经历漫长的等待，才能钻出泥土见到阳光雨露；钢铁要经过千锤百炼，才能变得坚硬无比；蝴蝶也要破开蛹，才能展翅飞翔；只有经历风雨之后，才能看到绚丽的彩虹……总而言之，每一种绚烂的背后，都是漫长而又艰辛的等待和残酷的磨

难。唯有以顽强的毅力经历这一切，我们才能更好地实现人生的梦想。

进入公司之后，艾薇被分给周凯当徒弟。在这个销售行业，虽然专业知识是很重要的，但是那只能作为硬件。要想做出优秀的业绩，不但要有专业知识，更要有丰富的销售经验。而销售经验的获得，最直截了当的方式就是师傅的以身相传，或者是自己的领悟和总结。毫无疑问，前者是更有效的一种方式。为此，经理特意叮嘱艾薇："周凯可是经验丰富的老师傅。你呀，一定要好好地跟他学。他说的，你要记住，他没说的，你也要自己用心观察。归根结底，销售行业就是教会徒弟，饿死师傅。能不能让周凯尽心尽力地教你，就看你自己的表现啦！"艾薇很清楚经理的意思，因为接连点头："放心吧，师傅，我一定会认真努力的。"

接下来的日子，艾薇可算感受到了周凯的不近人情。公司规定每天九点上班，周凯一定要求艾薇七点半就到岗。公司规定晚上六点下班，周凯一定要留艾薇到八点。这还不算最糟糕的，周凯总是要求艾薇："每天打二百个电话联系客户，再做出每天库存的最新量化表。"这个工作量对于刚刚进入行业的艾薇来说，简直是太严苛了。为此，艾薇曾经偷偷哭过，甚至在心里暗暗地骂周凯不近人情。然而，她没有退却，而是努力地按照周凯的要求，完成工作，哪怕加班到晚上十点，也从未屈服。三个月过去，艾薇发生了质的飞跃。此时的她，和同时进入公司的新人相比，显然已经成为了经验丰富的销售人员。在和客户交流时，她从不胆怯。每当客户问起产品的情况，她也能够斩钉截铁地说："A产品一个小时前库存还有三百件，B产品三个小时前的库存是八百件……"对产品的库存情况如何，艾薇总会了然于心，这让客户无形中对她多了几分信服。渐渐地，艾薇从一个没有任何业绩的新人，成了公司的金牌销冠。在领奖台上，艾薇真诚地说："我有今天，一定要感谢我的师傅。如果不是他近乎魔鬼训练营的训练方式，我一定无法这么快速地成长，也许和很多新人一样也在摸索呢。是我的师傅，让我还不明白为什么要那么做的时候，就已经开始努力地、踏踏实实地去做。等到我真正知道为什么这样去做时，我已经感受到了果实的甜美。谢谢你，亲爱的周凯师傅！”

这的确是此时此刻艾薇最想表达的。

虽然起初并不了解周凯为什么对她这么严格，但是艾薇依然非常努力用心地去做。最终的事实证明，周凯是一个没有私心的、尽心尽力的好老师。对于周凯，艾薇也给予十分的感谢。职场上，带着你偷奸耍滑的人，未必是对你好的人。对你横眉瞪眼，要求你一定要努力上进的人，甚至用鞭子抽着你前进的人，也未必是坏人。不管什么时候，我们都要擦亮自己的眼睛，才能真正地辨识人心，也才能避免“狗咬吕洞宾，不识好人心”的情况发生。

面对上司的批评指正，你是欣然接受还是懊恼不已

在职场上，有谁没有犯过错误呢。几乎每个职场人士，都曾经犯过或多或少、或大或小的错误。也因此，他们都曾经被上司指正过，甚至有些脾气暴躁的上司，还会语气恶劣地狠狠批评犯错的下属呢！人与人之间的相遇，实在是一种缘分。你是遇到一个温和有礼的上司，还是遇到一个脾气暴躁的上司，或者是遇到一个如土匪的上司，这完全在于你们彼此之间的缘分。实际上，现代社会人才济济，工作那么难找，你很难找到一个合乎心意的工作之后，还能遇到一个让你满意的上司。的确如此，即便和父母之间，我们也会有小小的摩擦，更何况是此前全然陌生而且彼此在最初时并不相互喜欢的上司呢？我们既没有共同生活的经历，也没有一定的感情基础，就这样突然聚在一起，而且要面对节奏紧张的工作。如此想来，和上司的相处简直太不容易了。

然而，如果能够换个角度来想，和上司的相处其实也是非常简单的。因

为你们之间没有感情和利益的纠葛，彼此之间最大的共同愿望，就是把工作做好，彼此都好交差。这样一来，问题就只集中在一个点上——工作。如果你能把工作做好，即使上司再不喜欢你的脾气秉性，在不违反原则的情况下，他也会竭尽所能地欣赏你。同样，只要有利于个人职业生涯的发展，即使上司有些脾气不好，但是说出来的犀利言辞却都是为了你的进步，你也应该努力地容忍，然后虚心地接受，立即地改正。如此一来，你和上司之间的很多矛盾都会马上消除。

豆豆的上司是个非常严肃认真的人，对待工作真正做到了一丝不苟，而且脾气很暴躁。有的时候，豆豆一旦犯错，上司马上就会毫不客气地给她指出来，并且严肃地批评她。更有甚者，上司还会像训斥自己的女儿那样训斥豆豆。偏偏刚刚开始当编辑的豆豆，在一个又一个的字码和标点符号前，总会犯错误。如此一来，豆豆便经常被上司批评，还会因此而掉下金豆子来。

有的时候，妈妈看到下班回家的豆豆闷闷不乐，就知道豆豆一定是又挨批评了。妈妈心疼豆豆：“宝贝，要不辞职算了，咱们不受这份气了。爸爸妈妈都养了你二十几年了，再多样你三两年的也没关系。你慢慢找，一定要找一份满意的工作，再找一个和气的上司。”对此，爸爸却有不同的意见，尤其是在了解豆豆每次挨批评，都是因为工作确实出现失误之后，爸爸语重心长地说：“豆豆，你如今已经长大了。你走上社会面临的那些人，不可能像爸爸妈妈这么宠爱和迁就你，因而你必须学会适应。你想啊，就算你离开了现在的单位，也未必能够遇到更好的上司。说实话，这个上司之所以批评你，并非是因为无中生有，而是为了帮助你改正错误，其实是为了你好。虽然他的态度激烈些，但是那是他的性格，肯定不是仅仅针对你一个人吧。”豆豆点点头，说：“嗯，他对谁都是这样的。即使是老同事，犯了错误也照样被他吼。”爸爸笑着说：“这就对了，他这叫对事不对人，根本不是针对你。如果你再遇到一个真正糟糕的上司，人品有问题的，即使你不犯错也总是针对你，难道你还能继续换工作吗？俗话说，金无足赤，人无完人。我觉得，你现在的任务就是努力根据上司的要求提升自己，让自己尽快进步，在工作上少犯错误。这样，才是真正能够解决问题的办法。”豆豆若有所思，对爸爸说：“爸爸，你说得很有道理，我记住你的话了。”

从此之后，豆豆总是欣然接受上司的批评，果然，她进步的幅度越来越大。很快，她就由一个缺乏经验、错误百出的新编辑，变成了一个经验丰富、很少犯错误的好编辑。

在这个事例中，豆豆原本对于上司的批评总是心怀不满，因而产生了抵触心理。幸好，爸爸解开了她的心结，让她意识到上司的批评，实际上是在不厌其烦地为她指出错误。因而，她也就能够欣然接受上司的批评指正了。很多事情就怕用心，一旦豆豆用心地接受上司的批评，她也就能从批评中吸取经验教训，因而进步堪称神速。

对于上司的批评指正，如果你不能接受，那么就只能换一份工作，这个代价在找工作难的现状下，显然太大了。相反，如果你能够在权衡利弊之后选择虚心接受上司的批评，并且根据上司的意见及时改进自己，那么你一定会取得飞速的进步，更加接近人生成功的巅峰。

就算面对诘难，也要坚持维护原则

在职场上，人际关系也是非常复杂的。我们不但要和同事、上司搞好关系，以便求得更好的合作，也要在必要的时刻维护原则，坚决不能妥协。这样一来，关系就变得非常复杂。也让大多数职场人士在努力工作之余，不得不花费更多的心思搞好人际关系。归根结底，人际关系在职场上是非常重要的，会影响到我们的职业前途。一个人要想在职业生涯中取得良好的发展，不但要有过硬的专业知识、超强的工作能力，还要有良好的人际关系。只有占据天时地利人和等各个方面的条件，我们才能在职场上如鱼得水。

职场上，总是有权势的高下之分。很多时候，作为下属，我们的职位没有上司高，但是偏偏专职负责某一方面的工作，又掌握着这方面的权利，即使上司也要通过我们的相关工作程序，才能一路绿灯。由此一来，当上司需要我们开绿灯时，我们就面临着两难处境。需要再次强调的是，每个人都有自己的责权范围，在涉及原则性问题时，不管面对的是谁，我们都要坚持职业操守，不能违背原则。

小江是这家公司的现金财务，他为人非常认真严谨，的确适合做财务工作。而且，当初老板之所以选中他，还因为他有点儿固执。虽然固执这个性格特点贴在普通人身上，未必是优点，但是在做财务工作的小江身上，绝对是优点。老板把现金交给小江保管，是一百二十个放心的。

前段时间，一个副总出差之后，拿来一大堆发票找小江报销。因为没有看到老总的签字，小江拒绝报销。这位副总也许是着急用钱，嗓门未免大了些，说："小江，你可真是个死心眼。哪有你这么工作的，我又不会卷着这点儿钱跑了。这不是赶上郑总不在家吗，我又恰巧着急用钱，想让你通融下怎么就这么难呢！"小江依然面不改色地说："李总，我也是没办法，请您体谅我。如果我违反公司流程给你报销了，以后会有多少人来找我通融一下？而且，郑总聘请我来不就是为了把关么，如果我这么不负责任，肯定连饭碗都会丢掉了。"说完，小江再也不理会李总，而是自顾自地忙着。无奈的李总，只好打电话给远在外地的郑总，直到接到郑总的电话，得到郑总的授权，小江这才给李总开了绿灯。为此，李总对小江颇有微词，小江却不以为然。

虽然小江很有可能因此得罪李总，但是他的做法却是没有错的。小江很清楚，即便是上司，也不能因此而违反公司的规矩。否则，公司一定会陷入混乱。尤其是为现金工作负责的他，就更不能因为畏惧权势而网开一面，否则就会导致他人也钻这个漏洞。的确如此，职场上的人际关系本来就很难相处，只要坚持原则，但即使“恶名远扬”，也至少能帮自己减少一些麻烦。

人在职场，身不由己。越是在纷繁复杂的环境中，我们越是应该坚持原则。否则，就很难在职场上立足，往往是照顾了这个还要照顾那个，妥协了这次还要妥协那次，最终非但不能成为好人，反而得罪了很多人。人们常说，得罪人就一次，其实是有道理的。就像小江这次拒绝了李副总的要求，以后李副总就再也不会到小江面前碰钉子，自找难看，一定会等到手续齐全再去报销，也省得小江为难了。从另一个角度来说，小江如果因为畏惧李副总的权威，给李副总违规开了绿灯，肯定会导致郑总的不满意，工作也就岌岌可危了。对于任何公司而言，现金财务都是非常重要的环节，必须交给稳妥可靠的人来负责。一旦失去郑总的信任，小江还凭什么在公司里立足呢？不管从哪个方面来考虑，小江都应该首先对工作尽心尽责，坚持原则，只有这样才能拥有长远的发展。

精诚所至金石为开，守得云开见月明

每个人都渴望自己的人生一帆风顺，每个人都渴望实现自己的梦想，每个人都对生命充满了热爱。然而，命运总是坎坷的，因为命运本来就应该是坎坷的。正是因为命运的坎坷，人生也总是充满挫折。在人生的路上，当你遇到阻碍或者身陷绝境时，万万不要抱怨，因为抱怨于事无补。也不要否定自己，更不要就此放弃自己，机会总是在转角处。正如人们常说的，天无绝人之路。上帝关闭了你的一扇门，一定会再次为你打开一扇窗。在现实生活中，人生没有永远的绝境，只要你怀着一颗充满希望的心。

作为海中霸主，鲨鱼向来让人闻风丧胆。很多人不知道的，鲨鱼是没有鱼鳔的。一条鱼没有鱼鳔，如何能够自由自在地游弋呢？这个缺点对于鲨鱼而言几乎是致命的。为此让自己不沉入海底，鲨鱼必须一刻也不停歇地游动，才能保持浮在水中。就这样，鲨鱼的体魄越来越健壮，身手也越来越敏捷。再加上其尖利的牙齿，它在海中几乎无往不胜。在职场上，我们也常常面临着类似鲨鱼没有鱼鳔的困境，其实没关系，只要我们也能够坚持不懈地努力，就一定能把这表面看来的绝境转化为优势。例如，有些人在职场上会遭遇雪藏，被坐冷板凳。他们或者无意间得罪了上司，或者天生长得不讨上司的喜欢，再或者与上司脾气不投，总而言之，上司不喜欢他们。在这种情况下，你是选择郁郁寡欢、默默无闻地结束自己的职业生涯，还是选择养精蓄锐，厚积薄发呢？无疑，现代社会人才济济，每年都有那么多的大学毕业生涌入求职市场，成为新生代的血液。你要想辞职，上司肯定不会挽留你的。面对这样的情况，明智的人会借此机会努力充实和提升自己，寻到遇到合适的机会，再尽情地展示自己。很多下属不知道的是，上司在观察或者评价下属时，往往会评估他们在遭遇冷板凳时的表现。的确，得意的时候人人看起来都意气风发，但唯有失意的时候也能淡然以对，且不会自暴自弃的人，才是可塑之才，才值得重用。因而，千万不要以为上司把你放在冷板凳之上就不再管你了，其实，他的眼睛正在偷偷地观察你呢！

阿志今年38岁了，北京的总公司里人才济济，他实在没有机会展示自己。因而，趁着济南分公司来北京招聘的机会，他申请调到济南。原本，他以为自己从北京到济南，一定能够得到重用。殊不知，济南的老总对他心怀戒备，总担心他因为自己在北京工作过，经验丰富，而瞧不起老总。为此，阿志简直有苦难言。

不过，他暗暗告诉自己：既来之，则安之。既然我已经调动到济南了，就应该脚踏实地地干下去。想到这里，阿志不再抱怨，也不忿忿不平，而是在老总的安排下，开始从事基层的工作，从最简单的事情做起。其实，老总也是求才若渴的。他之所以暂时雪藏阿志，只是想观察一下阿志在工作中的表现。经过一年多细致入微的观察，老总发现阿志虽然没有如预期中的那样得到重用，但是丝毫没有气馁，每天依然按时上班下班，对待工作认真勤恳，就像一头老黄牛。这时，老总想：看来，阿志还真是个可用之才。虽然他是从北京来的，但是一丝一毫的傲气都没有，而且工作上能力的确很强。又经过一段时间的观察，老总开始提拔阿志。两年之后，阿志凭借在工作中的出色表现，竟然升任副总。至此，阿志才得到了尽情施展的舞台。

在这个事例中，阿志就是典型的被坐冷板凳。原本，阿志以为他从北京总公司下嫁到济南分公司，是应该受到慎重对待的。没想到，济南老总恰恰就是担心他居高自傲，所以故意冷落他，让他从事最简单的工作。对此，阿志刚开始的确不解，后来想通之后，就踏踏实实地做好本职工作，接受上司对他的安排。如此一来，阿志自然能够得到老总的赏识，守得云开见月明。

人生的发展，不可能永远是一帆风顺的。对于暂时的坎坷和挫折，我们与其抱怨，不如采取安之若素的态度，坦然休养生息，等待时机再次崛起。只要你真心诚意，就一定能够把冷板凳坐热，让自己再次走入上司的视野，得到上司的赏识和重用。

加班是个表现自我的绝佳机会，千万不要错过

人在职场，谁没加过班呢？换个角度来说，有哪个公司是绝对不加班的？大多数老板，在付出相同薪水的情况下，当然希望每个下属都是拼命三郎，都

能不要命地为他苦干。也因此，即便职员们都很排斥加班，加班依然成为很多公司的家常便饭。对此，无数职场人士怨声载道，甚至有很多人因为每天都要加班而选择辞职。的确，人不是神，需要吃喝拉撒，也需要休息。社会上已经有了很多过劳死的先例，连续的加班实在是不足取的。因而，如果你在工作生涯中遇到被强制要求每天加班的情况，一定要拿起法律的武器，勇敢地捍卫自己的合法权益。不过，如果加班只是偶然的事情，那么你一定要学会抓住机会。

有些单位通常是不加班的，但是一旦遇到某些工作必须在短时间内完成，也会时不时地加一次班。平日里，大家总是难得与上司亲密相处，但是加班的时间则是例外。首先，加班是八小时工作时间以外的时间，虽然大家的主要任务依然是全速工作，但是心里都会放松一些。归根结底，加班时间占用的是职员的休息时间，而义务加班老总是不付薪水的。因为这个原因，每个人都会情不自禁地放松自己，包括老总。此外，很多情况下加班只是部分职员参加的，并非全员出动。因此，整个办公室的氛围会比正常工作时间显得更加和谐融洽。在这种情况下，如果你能把握机会，与上司进行更多的接触，甚至是与上司套近乎，让其记住你，你的加班收获可是非常多的啦！

最近一个星期，杨玲都在加班。原本，单位是很少加班的，不过这个设计项目，客户要得很急。为了拉拢一个稳定的客源，老板只好辛苦项目的相关人员都加班啦。为了表示诚意，也为了表示同甘共苦吧，加班的这几个晚上，老板也守在办公室里，时不时地给大家买点儿宵夜，送点儿饮料。

一天，杨玲的顶头上司蔡主管恰好不在，杨玲有个细节拿不准，因而思来想去，决定借此机会和老板接触下。平日里，像杨玲这样的职员，都是与上司直接交涉，很少有机会和老板交流。杨玲做好准备，拿着文案敲开老板办公室的门，柔声细语地说："老板，您好。我是设计部的杨玲，进公司刚刚半年。我的上司蔡主管今天请病假了，我有个地方不太明白，想向您请教一下。"在与老板一起探讨方案的过程中，杨玲自然而然地说起了自己对项目的设想，还有对项目很多好的创意。她的表现让老板不由得对她刮目相看，不停地说："后生可畏，长江后浪推前浪！"杨玲连连谦虚。这一次之后，老板就记住了杨玲的名字，有时候在写字楼的大厅里遇到，老板也总是笑着和杨玲打招呼。有一次，单位有两个外出学习的名单，老板还指明让杨玲去呢！

虽然都是普通职员，但是被老板记住总比不被老板记住要好。正因为老板记住了杨玲的名字，才在有机会去外地学习时，想起了杨玲。这样的收获，一定能够给予杨玲极大的鼓舞。在西方社会，很多平民都想走进贵族的生活圈子，就是因为这个原因。我们只有加入一个圈子，成为其中的一员，才能理所当然地与圈子里的成员交往，融入其中，也走进一种生活方式。

既然无法拒绝加班，就不要再心不甘情不愿啦，也不要再心不在焉了。所谓现代生活理念，就是用最高的效率做事。与其被动地加班，不如主动接受加班，并且借着加班的机会与上司套近乎，借机展示自己，给上司留下深刻的印象。这样，你才能为自己争取到更多的机会。

今天的螺丝钉，也许就是明天的栋梁之才

生活中，有多少人抱怨自己怀才不遇，抱怨自己明明是一只雄鹰，却找不到高远辽阔的天空飞翔。其实，这是很多年轻人的误区。他们为自己制定了追求成功的目标，因而就开始自认为应该做些惊天动地的大事。在他们眼里，那些琐碎的小事，那些不能让他们一蹴而就获得成功的事，都是不值一提的。这样的心态，显然是不对的，也使他们成为小事不愿意做，大事做不好的半吊子。古人云，一屋不扫，何以扫天下。这句话无疑是在告诉我们，一切大事都

建立在小事的基础上，必须先做好小事，才有可能成就大事。如果一个人连小事都做不好，又谈何成功呢？

在人心浮躁的现代社会，越来越多的年轻人追逐名利，眼高手低。实际上，做小事并不影响你走向成功，反而能够磨炼你的心性，积累你的经验，淬炼你的顽强意志，为你将来做好大事打下基础。只有你平稳踏实地对待生活，机遇才会眷顾你，命运才会青睐你。由此可见，要想获得成功，我们首先应该具备良好的心态。所谓三百六十行，行行出状元。你只有认真对待每一件小事，才能增强能力，最终做好大事。一切的成功，都是建立在细小成功的基础上。每一件小事的成功，都在为你的大成功添砖加瓦，是必不可少的。真正想要获得成功的强者，都必须从点点滴滴的小事做起，才能最终构筑伟大的事业。

一家公司因为受到金融危机的影响，生意惨淡，眼看着就要入不敷出了。为了节省开支，公司开始裁员，把负责为花草浇水的园艺师也辞退了。不过，董事长在经过一段时间的观察之后，发现走廊上的花花草草从未枯萎，依然如复一日地欣欣向荣。董事长很纳闷，因而特意在一个早晨早早地来到办公室，等着看看谁才是田螺姑娘。

果不其然，在比正常上班时间提前半个小时的时候，走廊里传来了走路声，还有喷壶喷水的声音。董事长从窗户看出去，只见行政部一个负责日常文件的年轻人，正在细心地给花浇水呢！度过金融危机后，公司情况刚刚有所好转，董事长就把这个年轻人提升为行政部负责人。也许，这个年轻人并不是能力最强的职员，但是他却是最负责任也最有心的。他不但甘愿做这些别人忽视的小事，而且数十日如一日地坚持付出，这种精神是难能可贵的。后来，在董事长的提拔下，这个年轻人青云直上，最终被派往中东地区成为负责人。

在职场上，很多人的眼睛都盯着大事，而且也不屑于做小事。殊不知，做好小事是做大事的良好开端，每个人都不应该忽视小事。对于小事，当我们改变心态，积极对待，那么我们的工作也会越来越深入。实际上，做小事和做好小事是两回事。小事看似微不足道，但是要想坚持做好，需要恒久的毅力和耐心。很多时候，恰恰是从小事上，才能看出来一个人是否有着顽强的毅力，是否能够持之以恒。从现在开始，让我们都用心地做小事，并且把小事做好、做细。如此一来，我们距离成功也就更近了一步。

第16章　别害怕对手，他们实际是成就你的人

在一生之中，始终陪伴在我们身侧的是亲人、爱人和朋友，除此之外，还有一些对我们至关重要的人也始终陪伴我们的人生之路，他们就是对手。说起对手，大多数人心中都会突然想起仇恨的眼光。的确，仅从字面意义上来了解，对手就是与我们竞争的人。其实，竞争关系并非我们所想的那么狭隘，我们完全可以和对手成为惺惺相惜的朋友，也会因为与对方不停地切磋，而间接地提升自己的能力。从这个角度来看，对手何尝不是成全我们的人呢？在金庸的武侠小说中，常常有高强的剑客为自己起名“独孤求败”。实际上，对于真正的强者而言，没有对手的人生道路注定是孤独寂寞的。从现在开始，让我们拥抱对手吧，是他们才促进了你人生路上飞速地成长和超越。

为你指出缺点的人，才是你的真朋友

俗话说，良言一句三冬暖，恶语伤人六月寒。由此可以看出，语言对人的杀伤力还是很强的。因此，我们在与他人相处的过程中，一定要谨言慎行，千万不可随意地说话，以免伤了他人的心。不过，生活中还有一种情况并没有这么极端，却也常常导致误会的产生。大多数人都喜欢听好话，听赞美的话，却忘记了每个人都是有优缺点的。每当他人为其指出缺点时，他一定会觉得意兴阑珊，甚至瞬间就变了脸色。这是人的本性使然，但人还是有理智的。

在这个世界上，谁能拍着胸脯说自己只有优点没有缺点呢？听到这句话，你们一定会大呼小叫：是人，就有缺点啊！的确，既然承认你自己是有缺点

的，那么就不能讳疾忌医，更不能忌讳他人为你指出缺点。仔细想想吧，如果不是关系到了一定的份上，谁愿意冒着被你埋怨的风险，去为你尽心尽力地指出缺点呢？通常情况下，往往是真正的好朋友，才会为你指出缺点，即使被你误解也无怨无悔。如果不是真心真意地为了你好，大家完全可以一味地阿谀奉承你，而根本不用管你能够改进缺点，变得越来越完美。对于这一点，我们一定要认真甄别。

在公司里，咪咪和子若的关系是最好的。平常，她们总是一起吃午饭，下班也会结伴而行。不过，咪咪似乎只和子若的关系好，而与其他同事总是不冷不热的。对此，子若总是劝说咪咪要和大家搞好关系，咪咪却不以为然地说："管他们呢！我为什么要去巴结逢迎他们，这简直就是不可理喻嘛！"

有一次，单位组织职工扑克牌大赛。大家都自发地组建好小组，唯独咪咪，没有队伍愿意接纳她。看到这样的情形，咪咪更加激烈地说："这是他们有眼无珠，有眼不识泰山。谁要我谁赢，不要我的都赢不了。"听了咪咪孩子气的话，子若说："咪咪，其实我早就想说你了，又怕你生气。但是思来想去，我觉得我还是说出来比较好。你呢，工作能力很强，但是心智太不成熟了，就像一个幼稚的孩子一样。你知道吗，既然你已经走上了工作岗位，就应该与单位里的每一位同事好好相处。不管他们是比你年轻，还是比你年长，大家都没有必要宠爱着你。你要是想与同事搞好关系，一定要改掉这个任性的坏毛病。记住，没有人会像父母一样宠着你。"听了子若的话，咪咪脸上红一阵白一阵的。她很想对子若发脾气，但是一想到子若是她唯一的朋友，又犹豫起来。最终，她硬生生地逼着自己消了气。晚上回家之后，她郁闷地把事情讲给母亲听，母亲说："幸好你今天没发火，不然你连唯一的朋友也要失去了。你呀，就是被我和你爸爸惯坏了，所以才总是任性。子若说得对，她是把你当成真正的朋友，才说你的。你要领情，不要把人家的好心当做驴肝肺。只要为你好的人，才会为你指出缺点，督促你改正呢！你应该认真想想子若的话，改变自己啊！”

为了让咪咪拥有好人缘，也为了避免咪咪因为任性影响前途，子若才说出了那番真心话。的确如此，如果是普通的关系，谁也不愿意充当恶人。幸好咪咪没有发火，也幸好她征求了明智的妈妈的意见。

俗话说，一个篱笆三个桩，一个好汉三个帮。朋友们，在生活中，你们也一定拥有好朋友吧。当你的好朋友为了你好，而真诚地为你指出缺点时，千万不要对好朋友发火，更不要对好朋友怀恨于心。所谓当局者迷，旁观者清，正是好朋友的真心劝谏，才能帮助你及早发现缺点，改正缺点，呈现最完美的自己。

当你与对手结成同盟，他又怎么继续与你对抗

人生在世，不但需要朋友，也需要对手。没有朋友的人生，是寂寞无聊的；没有对手的人生，是孤独乏味的。纵观古今中外，很多人之所以能够获得成功，恰恰是因为他们有对手。对手，能够给予我们压力，也能督促我们把压力变成动力，斗志昂扬地迎接人生的挑战。举个最简单的例子吧，就像是金庸笔下的武功高手，他们经常四处游走，只为了寻找旗鼓相当的人切磋武艺，这样才能促进自己不断地见招拆招，提升能力。倘若他们的武功已经达到了无人能及的高度，那么他们一定觉得非常寂寞，甚至觉得失去活着的乐趣。毋庸置疑，失去对手的那一刻，就意味着他们不可能再提高自己。再如下棋。喜欢下棋的人，最高兴的事情就是棋逢对手。两个实力相当的人在棋盘上你来我往，你追我赶，杀得畅快淋漓，实乃人生之一大乐事。如果没有对手，一个人就无从实现对弈的快乐。还记得金庸笔下的老顽童吗？他是那么地渴求对手，甚至

一见到郭靖，就要迫不急待地与他打一架。实在无人可以对抗时，他就用自己的左手和右手进行对打，简直是天下奇闻，他渴求对手的心也可见一斑。

对手，对于真正有实力的人就是如此重要。然而，在真正与对手对决时，我们又是那么热切地渴盼着能征服对手，打败对手。然而，既然是对手，就不会那么轻易认输。很多时候，我们不停地与对手博弈，却总是难分伯仲。在这种情况下，有一种非常好的方法，就是与对手结成同盟。如此一来，作为朋友，对手怎么还会与你分离厮杀呢！这个方法既彻底地解决了对决的问题，也使我们又多了一个实力高强的朋友，真正做到了一举数得。

小李经过千挑万选，才选中这间门脸房，在这条街上开了一家小吃铺。这附近有两三所大学，因而每到学生下课时，就会涌出校园来吃饭。刚开始时，小李生意惨淡。但是随着经营的时间越来越长，小李的回头客也越来越多。很多大学生都喜欢吃小李做的咖喱牛肉干，说量大料足。小李有着很远大的梦想，他想把隔壁小吃店的铺面也拿下来，扩大经营范围。的确，小李隔壁是一家凉皮店，生意很一般。也许是因为大学生正处于生长发育的高峰期，很喜欢吃肉吧，即使小李家排着长队，隔壁的凉皮店也总是寥寥几人。

然而，凉皮店的主人似乎看透了小李的心思，总是对小李言语恶劣。这不，今天中午小李忙活完午饭，好不容易坐下来喘口气，和隔离的店主大招呼："大姐，忙完啦！"那个店主却生气地一扭头，狠狠地瞪了小李一眼。小李不免觉得自己有些自讨没趣。思来想去，硬取是不可能了。小李决定改变策略。一天周末，学生们大多数都出去玩了，因而饭点上并不忙。小李故作神秘地和隔离店主说："大姐，我经过观察，觉得你们的生意完全可以更好。"大姐显然上钩了，毕竟都是养家糊口的，谁不想多挣些钱呢！大姐瞪着眼睛问："真的吗？你有什么好主意？"小李说："其实，很多大学生之所以不吃凉皮，是因为一份凉皮吃不饱。如果你能再做肉夹馍或者是烧饼，那么大学生就着凉皮吃，就能吃饱了。其次，凉皮利润薄，你根本没有必要租这么大的房子。里面其实都浪费了，你只要用门脸，和其他家合用里面的座位就行了。”大姐笑着说：“你一定在开玩笑吧，我要是只租门脸，那里面的这一大块地方还租给谁呀！”小李想了想，说：“如果你愿意，可以把里面的地方租给我。这样一来呢，你的房租成本至少节约二分之一。如果你生意火爆，也可以让他们端着凉皮来里面坐。最重要的是，这样一来，你再做个肉夹馍，配合我的米饭面条水饺，咱们的快餐品种几乎就齐全了，生意一定很火爆。你想啊，孩子们当然愿意来一家什么都有的饭馆吃饭啦！”隔壁店主不由得陷入沉思，许久才问：“你说的是真的吗？”小李毫不迟疑地说：“当然是真的。你想啊，我也愿意咱们合伙挣大钱呢！”在经过一番详细的磋商之后，隔壁店主果然接受了小李的建议，与小李合作经营。正如小李所料，他们的生意越来越火爆了！

小李不愧是个生意人，虽然没有学过心理学的知识，也不知道消除对手敌意的最好方式是什么，他却无师自通地采取了最好的办法，成功地让作为竞争对手的凉皮店店主缴械投降，与他进入同一阵营。

社会就是这么复杂，竞争对手无时无刻不在。我们与其与竞争对手整得你死我活，老死不相往来，不如消除这个敌人，为自己争得更多的朋友和合作伙伴。这样一来，对手身上一切对你造成威胁的因素，都会在最短的时间内变成可为你所用的你的优势。如此，岂不是皆大欢喜吗？赶快行动起来吧！

总是包庇你的人，也许正准备害死你

在我们还小的时候，每当犯了错误，总是祈祷着不被父母师长批评；当我们长大了，走入工作的岗位，总是梦想着能够遇到一个和善有爱的上司，即便我们犯了错误，他们也从不抱怨，更不指责。这么美好的愿景，听起来就像是一个梦境，也许真的只能在梦里才能实现。当犯错误时，对于任何人而言，最可怕的不是被批评，甚至也不是被气愤的父亲狠狠地用鞭子抽打，而是包庇。如果一个人总是包庇你，如果他不是你的亲人朋友和爱人，那么他肯定是居心叵测，想要以此害死你。退一万步说，即使这个包庇你的人是你最亲的人，她也一定是在无知无觉地害死你。可惜的是，不管是那个包庇你的亲人，还是被包庇的你，都明白得太迟太迟了。

曾经，有个小男孩聪明伶俐，人见人爱。在他五岁的时候，和妈妈一起去超市买东西。看着香浓美味的巧克力，他不由得馋得直咽口水。为此，他对妈妈说："妈妈，你能给我买巧克力吗？"妈妈钱包瘪瘪的，因而心情也恨恨的，最终恨恨地对男孩说："你可真是个馋鬼，可惜投胎在我们这个穷人家里。你想吃就去偷去抢吧，谁让你没托生好呢！"五岁的男孩，根本不懂得母亲是在发狠，是在挖苦讽刺他，因而真的趁人不注意，偷偷地拿了一块巧克力塞在裤子的口袋中。出了超市，那块巧克力已经融化了，但是小男孩依然吃得津津有味。妈妈看着贪婪地吃着巧克力的小男孩，什么也没有说。从此之后，小男孩每次和妈妈去超市，都会偷偷地拿一块巧克力。后来，随着他越长越大，裤子的口袋也越来越多，他居然开始拿更大件的饼干、水果、香肠等。妈妈依然一语不发，大概她觉得孩子生在穷人家本就可怜，能自己想办法解决口舌之欲也好吧。

转眼之间，男孩已经成长为二十岁的青年。明天就是他的二十岁生日，也是他即将被宣判锒铛入狱的日子。原来，男孩因为盗窃抢劫和伤人罪，即将被判处有期徒刑二十年，他要等到四十岁生日才能出狱。人的一生，有几个正值青春的二十年？直到戴上手铐的那一刻，男孩才幡然醒悟，自己这么多年一直都是错的。他唯一的心愿是在宣判那天看到妈妈。法官满足了他的愿望，准许他的妈妈进入庭审现场。很快，宣判结束了，男孩就要被全副武装的狱警押进监狱。这时，他扑向不远处站着的妈妈。当大家都以为他会再次感受妈妈的怀抱时，他却冲着妈妈大喊：“我恨你，我恨你！是你，毁了我一生！”

妈妈当然是这个世界上最爱孩子的人，但是，爱却往往选错了方式。一个家庭，不管再怎么贫穷，就算无法给予孩子任何物质上的享受，也最起码要让孩子拥有正直的心灵。如果这位妈妈能够在孩子第一次拿巧克力的时候，就告诉孩子不要偷窃，并且让孩子深刻认识到自己的行为是错误的，那么孩子就不会在犯罪的道路上越走越远，更不会最终锒铛入狱。

如果是不相干的人始终在包庇纵容你，那么他一定是在刻意地害你。如果是深爱你的人在包庇纵容你，那么他一定是不懂得如何爱你。我们已长大成人，社会却依然充满了诱惑。不管什么时候，我们都要牢牢记住这个道理，这样才能时刻警醒自己，以免误入歧途。在这个世界上，从来都没有免费的午餐。很多时候你以为自己轻而易举地得到了想要的东西，却也许需要付出自由作为惨重代价。

当你头脑发热时，一定要感谢给你降温的人

人生之中，我们常常因为某些事情或者某些机缘巧合，控制不住心中的喜悦，或者也会突然间怒火中烧，恨不得把这个世界都砸碎重建。这就是我们平日里所说的感情用事。的确，人是有感情的动物，因而每个人都难以避免感情用事。在平日生活中看到的影视剧上，即使有些出家的人，也依然被尘世的诸多纠葛困扰，由此可见，要想看破红尘，只能化作烟尘。

幸运的是，当我们头脑发热时，总有几个至亲至爱的人，给我们提出合理的建议。诸如，你突然冲动地想要辞职，原因很简单，你看上司不顺眼，这

时有好朋友劝你："不要随随便便就说辞职啊。现代社会从来不缺人才，每年都有那么多的大学生走入校园，涌入社会，有工作干就不错了。况且，你能保证下一个上司就一定深得你心吗？归根结底，工作又不是谈恋爱，不需要一见钟情、情投意合吧！只要你把工作做好，他能验收合格，岂不就是皆大欢喜了。"再如，你人到中年，突然发觉从未爱过家里的黄脸公，尽管他每天洗衣做饭接送孩子，把你惯得无法无天，你还是无法把他想象成那种有魅力的中年男人。这时，你的骨灰级闺蜜闻讯赶来，对着你劈头盖脸就是一通："你疯了吗？你多大年纪了，你还提出离婚？别忘了，你已经是人老珠黄了，就老张现在还死心塌地地守着你，你就知足吧。你看看啊，你结婚之后洗过一次衣服做过一次饭刷过一次碗吗？要不是这些事情都被老张包揽了，你以为你整日烟熏火燎的不会满脸菜色吗？你这朵花啊，现在之所以还能勉强入眼，都是老张精心侍弄的结果。"最终，你默然收回离婚的指令，继续接受老张的全心照顾。若干年后你突然庆幸，幸亏闺蜜当年的一通痛骂，才没有让你走上不归路。的确，婚姻就像是一面镜子，一旦破裂，再怎么粘补，也难以复原。不管是生活还是工作，我们总是时不时地就出现这样冲动的状态，恨不得把别人毁了，把自己也毁了，最好把整个世界都毁了。你最大的幸运，就在于你脑筋不清醒的时候，总有个人儿不怕当恶人，狠狠地骂醒你。所以，你在人生的路上才少走了许多弯路。

作为工作上的竞争对手，马波和李静总是不对付。他们一见面就要掐架，而且谁也不服气谁。说到底，马波和李静并非是真正的对手，而只是同一个销售团队里的竞争对手而已。他们的关系，原本应该是既和谐又不和谐，既合作又互不相让的。然而，也许是因为李静总是不愿意服软吧，马波也就只能和她对着干。

前段时间，李静因为一个老客户，与上司之间发生了争执。原本，这个客户是上司还没升职之前一直维护的，后来她胜任主管，客户就随机地分配下去。也许是巧合吧，李静恰恰就分到了这个客户，而且发现这个客户其实曾经主动联系过她。如此一来，等到客户成交之后，上司就一直盯着李静，让李静请全组的人吃饭唱歌。说白了，这就是上司讨债的一种方式，她觉得客户是她给李静的，因而让李静出钱请客，实际上相当于帮上司请客。李静可不乐意了，毕竟这个客户也曾经主动联系过她，她并不想承认这个客户是上司给的。由此一来，上司说得次数多了，李静的脸色也就很难看。直到有一天，上司居然撕破脸皮在办公室里公然说："这年头，什么人都有，居然还有吃鸡不吐骨头的。"听到上司这么难听的话，李静马上火冒三丈，和上司大吵一架，甚至冲动地提出了辞职。上司看到李静公然与她对抗，也毫不客气地说："马上拿辞职报告过来，我给你签字！"看到事态突然升级，马波把李静叫到电梯间附近，对李静说："李静，你走了，谁跟我竞争啊！要知道，实力相当的人在一起做销售是最有意思的工作。再说了，你凭什么要走呢，明明是上司的错啊。我觉得，不如你好好干，我再给你添柴火，你能成为主管最好。要不这样吧，你也别再和上司过不去了，心里有数不就完了么！从今天开始，咱们开始比赛，看看谁先当上主管。"在马波一番看似无意实则好心的刺激下，李静突然笑了："好，比就比！"

因为马波的台阶，李静突然想明白如果辞职，其实损失最大的是自己。为此，聪明的她马上就坡下驴，改变主意不再辞职，反而要证明自己，努力做到主管的位置上，这样才能和上司分得出胜负输赢。虽然马波是李静的竞争对手，但是在这次风波中，马波着实帮了李静的大忙。否则，李静脑门一热，再被上司一激怒，辞职是很有可能的事情。

人生之中，有很多事情都难以如愿以偿。既然我们没有权势显赫的背景，一切就只能靠自己去周旋。千万不要因为一时冲动做出让自己追悔莫及的事情，当然，在头脑冷静下来之后，也别忘记感谢那个在危急时刻给你救火降温的人。

面对他人的误解和偏见，何须牢记心怀

生活中，即使我们再怎么努力，再怎么思虑周全，也无法做到让所有人满意。因此，我们难免会遭到误解和偏见，这其实是再正常不过的事情。遗憾的是，很多人都想不明白这个道理，还有些人总是特别在意他人的看法，也就导致他们无法做到从容洒脱，而是始终牢记他人的不公评价或者是曲意误解，因而郁郁寡欢。

人生，本来就是一场艰辛的旅程。从呱呱坠地开始，人的一生似乎一直伴随着伤心、绝望、沮丧和失落。笑的时刻总是很少，欢乐的时刻也常常短暂。古人云，人生如白驹过隙，的确，我们也知道人生弹指一挥间。既然如此，为何还要在本来已经饱尝艰辛的心灵上撒盐呢？别人不管说什么，如何评价你，或者是误解你，你都无需记在心里。尤其是那些不相干的人，你要知道，你活着并不是为了给他们看，更不是为了满足他们的审美、眼光、是非标准等。

李婶今年五十岁了。三年前，她的丈夫因为突发脑溢血去世，留下了两个正在读高中的孩子。李婶哭过，也绝望过，最终依然坚强地继续生活，并且发誓一定要供养两个孩子读大学。孩子们也争气，今年双双考上名牌大学，这简直让那个偏僻的村庄沸腾了。毕竟，一家里同时有两个孩子考上名牌大学的事情还是很少发生的。但李婶很为难。丈夫去世之后，她一个人供养两个孩子读高中，除了做农活就是打零工，几乎没有一天是闲着的，但是并没有积攒下多少钱。看着两个兴高采烈的孩子，李婶怎么也说不出让其中一个孩子放弃今年入学，等到明年再入学的话。毕竟，机会转瞬即逝，谁知道明年的高考又是什么形式呢？

李婶一连几个晚上都难以入眠，辗转反侧。思来想去，李婶想起了前段时间马嫂给她提亲的事情。对方是个离婚的男人，只有一个女儿，跟着前妻，基本没有负担。而且家境也比较富裕，有二层小洋楼，还愿意像娶大姑娘那样给李婶一笔聘礼。李婶曾经在集市上见过这个男人，她并不讨厌他，只是担心乡里乡亲会说些流言蜚语，因而就直接拒绝了马嫂。现在，孩子们如果能有几万块钱，上学的问题就解决了。最关键是的，马嫂提亲时就说过，对方同意婚后供养李婶的两个孩子读大学。李婶的心突然就活络起来，一则孩子们急需用钱，二则等到孩子读大学都走了，她一个人日子也的确难过。想来丈夫已经去世三年了，肯定也希望她们娘仨好好活着，孩子们都能有出息。想到这里，李婶打定主意，明天就去给马嫂回话，答应这门亲事。但是，要让对方快点儿把亲事定下来，该给的聘礼也尽早给。不出李婶预料，对方马上同意了。

当村里村外都在讨论李婶的婚事，有人表示祝福，有人说些难听话。当然，还是说难听话的人多。毕竟，那是个偏僻的村落，人们思想都很封建。这时，孩子们都鼓励李婶："妈，你该有自己的生活，也该好好享受几年了。等到进了大学，我们都会一边读书一边打工，尽量减少您的负担，您就好好享享清福吧。毕竟爸爸也走了好几年了，我们都支持你。"有了孩子们的支持，李婶心里更加有底。很快，她就再婚了，婚后与现任丈夫相亲相爱，彼此帮扶，现任丈夫对她的孩子们也都很好。虽然当初有很多人都在背后说她的闲话，但是她一点儿也不记恨。这，也许就是李婶获得幸福的原因。

每个人都有自己的出发点，也有自己做人做事的原则。很多人想不清楚这个道理，总是对他人的生活指手画脚，这其实是大错特错的。试想，如果别人现在让你按照他们的意愿生活，你能愿意吗？人同此心，心同此理，己所不欲，勿施于人。既然你想按照自己的想法生活，也就不能干涉他人按照自己的想法生活。因而，明哲保身无疑是一种值得提倡的生活态度，尤其是在操闲心管闲事的时候，更应该提醒自己管好自己的事，少插别人的嘴。

为人一世，要想生活得快乐，首先应该学会放得开。就如李婶，自己一旦想好的事情，就无需再顾忌他人的想法。归根结底，每个人的日子都是自己的，过的好与不好，与他人关系都没有那么大。也只有你在心里放开了他人对你的误解和偏见，你才能真正做到坦然地走自己的路。

感谢嫉妒你的人，是他们让你认清自己的高度

生活中，总有些人嫉妒心很强，不管什么事情都要与人攀比。诸如有些女性朋友，看到别人穿了一件新衣服，她也要马上去买一件新衣服；看到别人家的老公买了车，马上也要自己的老公借钱去买车；看到别人家的孩子学习好，出国留学了，就丝毫不考虑自己孩子的学习情况，也效仿他人去出国……当然，嫉妒并非是女人的专利。还有些男人，看到同学买了大房子，也要砸锅卖铁换大房子；看到同事开了几十万的豪车，马上也不自量力地卖掉代步的小QQ，也换成几十万的车……正因为这些人超强的嫉妒心理，所以近些年来，很多不好的风气越来越旺，人们之间攀比成风。

在这些嫉妒心强的人心中，生活不是为了自己，而是为了给他人看的。那么，如果勤奋努力的你有朝一日被他人嫉妒，你是感到高兴呢还是感到沮丧呢？倘若妒忌你的人不那么极端，只是默默地嫉妒你也好，但是如果这个人偏偏是个极端偏执的人，一旦嫉妒你，就恨不得处处与你作对，甚至想要把你扳倒，你又该怎么办才好呢？其实，无需苦恼。即使他人的嫉妒给你带来了一些生活上的困扰，你也应该为一条理由感到庆幸——他人的嫉妒让你认清了自己的高度，否则你还不知道自己已经成为他人羡慕的对象了呢！如此想来，那些因为嫉妒之火熊熊燃烧的小苦恼是不是就不复存在了？

这次学校里评选优秀教师，很多资历超过十年的老师都报名参加了。因为据说这次优秀教师的评选结果，还会对评选职称有一定的影响呢。为此，大家

全都卯足了劲，都抱着势在必得的心态。

经过报材料、初审、复审等繁复的手续，最终结果公布了：志强老师当选优秀教师。听到这个消息，虽然参选的老师们都觉得心里酸酸的，但是依然带着笑脸恭喜志强老师。唯有黄月老师，马上变得声色俱厉。他甚至公然对志强老师说："你凭什么是优秀教师啊？我比你工作早一年，发表的论文也比你更多。再怎么轮也轮不到你啊，应该是我才对。"听到黄月老师的话，志强老师惊讶极了。要知道，他们平日里可是称兄道弟的好哥们好朋友啊，他一直都很敬重这个比他早一年毕业的学长。黄月老师的确多才多艺，深受师生们的喜爱。但是他万万没想到，黄月老师居然就因为这次评选，公然与他成为对手。想到在利益面前，人心的脆弱，志强老师不由得苦笑起来，说："如果可以让，我情愿把这个称号让给你。只是一个虚名啊，没有咱们之间的情谊分量重吧！"黄月依然忿忿不平地说："的确只是虚名，但是也要名至实归。你如果不是仗着老丈人在警察局当局长，怎么会这样幸运呢！"志强老师的脸通红，不知道如何应对了。思来想去，他才意识到，也许黄月老师平日里就已经对他愤愤不平，妒火中烧了，只是他从未觉察到而已。想到自己居然被多才多艺的黄月老师嫉妒，他不由得有些得意，这至少说明他也是有些资本的吧。说真的，在此之前，他还从未想过黄月老师会嫉妒他呢！自此以后，他也不再把自己当成是一个无足轻重的小角色，而是努力地提升自己，让自己与优秀教师的称号相符。这样想来，他居然在教学活动中发挥了极大的积极性，取得了巨大的进步。

如果不是黄月老师因为嫉妒而怨声载道，志强老师一直觉得自己是个默默无闻的小角色。在他心里，获得了优秀教师的称号，远远不如黄月老师的嫉妒更能提升他的档次。为了像黄月老师说的那样必须名至实归，他真的开始发愤图强，努力上进。人，不管做什么事情，就怕用心。一旦用心，进步就势不可挡。眼见志强老师的实力越来越强，大家更加心服口服了。黄月老师一定不知道，恰恰是他的嫉妒，让志强老师认清了自己的高度。

在生活和工作中，有很多人都因为优秀遭人嫉妒。在这种情况下，他们难免觉得困扰，因为活在他人的嫉妒里总不是一件让人愉快的事情。不过，让人嫉妒至少说明了一件事，那就是你一定比那个嫉妒你的人更强大。如此想来，你确凿无疑地知晓了自己的能力，更应该再接再厉，乘风破浪！

第17章　轻松地去爱，太紧张的爱更容易失去

提起爱情，这个全人类共同的主题，人们总是有无限的感慨要抒发。的确，每个人对于爱情的见解都是独特的，因为每个人对于爱情的感受都是不同的。有人说恋爱就像放风筝，有人说千万不要把爱情紧紧地攥在手心里，否则爱情就会像流沙，还有人说爱情需要保持独立的个性和自我，只有这样才能长久。这些话从某个角度来说都是非常有道理的。然而，爱情如人饮水，冷暖自知。我们必须更加轻松地爱，才能保持爱情最大限度的舒适。

幼稚的恋情无法成为幸福婚姻的保障

对于爱情，每个人都有自己的理解；对于爱人，每个人也有自己的相处方式。幸福美满甜蜜的爱情，是每个人的追求。对此，我们必须更加理解爱情，也更应该知道，如何与爱人友好相处。

爱情，根据人们感受和相处方式的不同，自古以来就有无数种诠释。有些爱人之间举案齐眉，从不吵架；有些爱人就喜欢打打闹闹，似乎只有这样才能帮助他们更好地加深感情；有些爱人彼此之间不喜欢过多地干涉对方，因为他们觉得干涉会让爱情不自由，而自由自在才是他们一心一意追求的……总而言之，每个人表达爱和感情的方式都是不同的。但是，无论你采取怎样的方式对待爱情，都有一点是肯定的，即幼稚的爱情，不可能给予你幸福的婚姻。

爱情与婚姻，虽然有着密切的关系，但是爱情与婚姻之间并不能画上等于号。有些人，穷尽一生都在追求极致的激情，却不愿意走入婚姻的殿堂。有些人，只希望能够拥有平淡踏实的日子，静享岁月美好。归根结底，爱情并不意味着婚姻，美好的爱情也不一定会转变为幸福的婚姻。如果爱情是漂浮在天上的，那婚姻则是脚踏实地的沉淀。你在爱情中燃尽了自己，在婚姻的柴米油盐酱醋茶中会变得无能为力。现代社会，还有些的女孩，认为爱情是自私地占有和享受，不懂得什么才叫付出。如此也导致她们的爱情非常幼稚，让人很难接受。

在恋爱期间，吴真就是个特别嗲的女孩子。当时，她的男朋友冯云以为她只是爱撒娇，也就不与她计较，想着她结婚之后，肯定会有所好转。不想，结婚之后，吴真不但没有任何收敛，反而变本加厉。

诸如，吴真每天回家后，都只会抱着薯片窝在沙发上看电视，常常还是看动画片。冯云呢，下班后不但要去买菜，还得急急忙忙地赶回家做饭。如此一个多月之后，冯云觉得很疲劳，不由得抱怨："吴真，世界上还有你这样的妻子吗？我看，你是这个家的男人，我才是女人。就算你不能成为贤妻良母，至少也不要这样只顾着享受吧！"最让冯云受不了的，是吴真的不讲理。她几乎每天都问冯云："如果我和你妈同时掉进河里，你先救谁？"对于这么幼稚的问题，冯云总是不知如何回答，吴真就开始吵闹起来："你不爱我？你一点都不爱我！我这么努力地嫁给你，你一点儿都不珍惜我。"听到吴真无理取闹的话，冯云刚开始时觉得有趣，后来却越来越厌烦。归根结底，婚姻不是过家家，每个走入婚姻的人身上都要多一份责任和承担。但是，对于吴真的状态，他真的觉得自己不可能这样和吴真过一辈子。

有一次，冯云和吴真周末一起回冯云的父母家吃饭。就因为吴真告诉妈妈有道菜不要放辣椒，但是妈妈却忘记了，放了很多辣椒，吴真就突然大发雷霆，还把满桌子的菜都掀翻了。看到吴真的样子，妈妈伤心地哭了起来。冯云一气之下，打了吴真一个大耳光，说："不过了！"其实，原本冯云结婚时妈妈就是反对的，妈妈总说觉得吴真稚气未脱，不能好好过日子。这次动手，让吴真一气之下回了娘家，而且没多久就开始和初恋男友约会起来。原本准备劝说吴真回家的冯云，见此情形一怒之下和吴真办理了离婚手续。让他惊讶的是，当他心如刀绞的时候，吴真却不以为然。

在这个事例中，吴真显然如冯云妈妈所说的那样，根本没有成熟的心智，也根本不适合过日子。他们虽然不顾父母的反对结了婚，但也因为生活的琐事不断争吵，最终离了婚。归根结底，婚姻不是爱情。爱情可以云里雾里，婚姻却只能脚踏实地。

朋友们，你的爱情浪漫吗？在尽情享受浪漫之余，不要忘记磨合彼此之间的生活哦！再浪漫的爱情一旦落实到实事上来，也都是需要用心经营的。唯有从现在开始努力地做好一切事情，我们才能尽量保障自己的婚姻幸福美满。记得妈妈总是说，孩子只有结婚了才能成为大人，因此，既然准备步入婚姻，就不要再在爱情中耍小脾气了。只有更好地对待这一切，你们才能拥有美好的感情生活。

成就最好的自己，才能遇见那个最好的爱人

在老一辈的观点里，婚姻似乎是与爱情无关的。他们与携手一生的人相濡以沫地度过一辈子，有吵闹有纷争，唯独没有惊天动地的爱情。实际上，他们有爱情吗？当你看到他们在夕阳下手牵着手散步，当你看到他们对于爱的渴望和理解，你一定知道，他们是有爱情的，只不过他们的爱情不像年轻人这么张扬，而是融入生活之中，渗透在一餐一饭里。还有很多中老年人，当初完全

是先结婚后恋爱，结婚就是一辈子，即使不那么合适，也会在漫长的岁月中慢慢磨砺。

和以往稳固的婚姻相比，现代社会人们的婚姻变成了快餐式的。据婚姻部门统计，我国离婚率年年攀升，越来越多的年轻人选择离婚，有的甚至只因为婚姻中一个小小的不满意。这种对婚姻观念的解放，的确结束了很多痛苦的婚姻，但是也导致社会的不稳定。其实，不管是从一而终，还是不合适就离婚，都必须把握好最合适恰当的度。没有爱情的婚姻是不道德的，但是爱情不会跟随我们一生。真正幸福的婚姻，是把爱情转换为稳定长久的亲情，从而帮助人们更有耐心地对待充满坎坷和挫折的生活。

在爱情中，错了并不是无法挽回的。很多人一旦爱情受到挫折，就万念俱灰，甚至选择轻生。殊不知，爱情是强求不来的。你必须更坦然地面对爱情，接受爱情的磨难，才能更好地对待未来的生活。在爱情里，一切的错过都是为了更怦然心动的相逢；一切的挫折都是为了帮助你遇到更对的人。人们常常习惯用缘分来解释爱情，当爱情遭遇挫折时，大概就是缘分还没有到吧。耐心地等待，利用一个人的时间努力地把自己变得更好，这样，你才能以最美的姿态遇到命中注定的那个人。

大学毕业后，琳琳回到家乡的小县城当了一名小学老师。几年之后，在亲戚的介绍下，她与一个在上海工作的年轻人认识了。当时，琳琳的职业生涯并不顺利，学校里老师之间互相攀比关系，根本没有人凭着真才实学去工作。为此，琳琳非常苦闷。她很想离开家，父母却始终不同意她一个人独自闯荡。其实琳琳与这个年轻人并没有一见钟情，只是觉得一心一意想要离开家，去到更广阔的天地。就这样，琳琳与年轻人见了只一面，就与其确定了恋爱关系，而且还商定了订婚、结婚的日子。曾经，在大学时代对爱情有着无数憧憬的琳琳，从未想到自己的婚姻大事会如此仓促草率。在当时，她也根本浑然不觉。

很快，她与那个年轻人举行了婚礼，并且理所当然地辞掉工作，与年轻人一起去了上海。到了上海之后，经过短暂的生活，琳琳就遗憾地发现这个年轻人并不适合她，甚至她们的生活观点、教育背景都有着天壤之别。但是，他们已经结婚了，琳琳决定凑合着过下去，努力地彼此磨合吧。不想，在一个偶然的机会，琳琳居然发现从事建筑工作的老公在请客吃饭时，带着客户去色情服务场所。这样一来，琳琳彻底死心了。她提出了离婚。没有感情的婚姻，离婚也不需要太多的纠缠，很快丈夫就配合琳琳办理了离婚手续。琳琳的心里空空落落的，她不知道应该如何面对未来的生活。痛定思痛，她决定独自一人留在上海，一定要活出个样子来。

整整三年的时间，琳琳都像一个拼命三郎，一直在不停地工作、工作、工作。三年之后，她凭借工作上的优秀表现，成功晋升为公司的中层领导。直到此时，琳琳才意识到自己已经三十二岁了。此时此刻的琳琳，已经成了上海真正的白领。她每天衣着光鲜，出入于高档写字楼。自然，也有很多男士以仰慕的目光看着她。直到接受同公司一位高级经理人的追求，琳琳的心才真正安定下来。这时，她很庆幸自己当年没有因为离婚黯然回乡，原来那个曾经生命的过客带她来到上海，只是为了让她在挫折之后成就自己，也遇到更对更好的人。

爱情和人生一样，也会遭遇各种各样的挫折。对待爱情，我们既要充满美好的幻想，也要采取坚定不移的态度，即使遭遇坎坷，也依然充满希望和勇气。只要我们坚持成为最好的自己，就要相信终有一天爱情会给予我们更多的回馈，甚至给予我们出乎预料的惊喜。

在爱情中，当你错了，不要悲伤也不要哭泣，擦干眼泪，把自己变得更美好，你就会遇到更对更好的人。否则，一旦你放弃，一切就都会失去可能。

不爱的守候，不如决绝地离开

曾经有心理学家证实，爱情的保鲜期，其实是非常短暂的。对于爱情，我们即使热情似火，也不可能在漫长的人生中始终享受爱情的激情。那么，当爱情不在，我们如何面对婚姻呢？实际上，大多数幸福的婚姻之所以长久，就是因为相爱的人在相处的过程中，把爱情变成了亲情。如果爱情是一团能够使人熊熊燃烧的火，那么亲情则是一坛浓醇的酒，越是经过岁月的沉淀，就越发地香醇。当爱情不在了，如果还有因为爱情而转化来的亲情存在，婚姻依然可以幸福地维持下去。但是，如果爱情不在了，亲情也没有应运而生，那就是真的不爱了。有句话说：没有爱情的婚姻是不道德的。当我们勉强地守候着那个自己心里已然不爱的人，其实还不如决绝的离开呢！因为，这样无爱的守候，对于那个被守候的人，同样是一种伤害。

爱情总是这样，即便是两个很好的人，也未必能够融洽地相处下去。如果世界上唯一剩下一种不能勉强的东西，那就是爱情。既然如此，与其强求，不如给爱自由，让爱自由自在地飞翔。

王强是很爱丽娜的。这种爱，从他们一起成为高中同班同学的时候就开始了。如今，他们已经大学毕业好几年了，彼此间也完全了解。为此，王强决定向丽娜求婚。想到这么多年王强对自己默默的守候，丽娜答应了王强的求婚。当然，他们的父母也都是非常支持的。就这样，一场盛大的婚礼在火热的七月隆重举行。

婚后三年，丽娜觉得自己越来越乏味。思来想去，她觉得自己索然无味的原因，是她心底里根本不爱王强，而只把他当成是亲人。丽娜不想让自己这么年纪轻轻地就没有了爱的激情，但是她也不想伤王强的心。日子就这样一天一天如白开水般度过，丽娜每天都按部就班地上班下班回家，直到杜康的出现。

杜康，在丽娜第一眼看到他的时候，就有那种怦然心动的感觉。甚至，她觉得自己的呼吸都显得局促起来，不知道如何面对他。这种感觉，丽娜从来没有过。尤其是与杜康对视的时候，她的目光总是如受惊的小兔子一样，仓促地逃开。这样的丽娜，和以往完全不同。每天，她都盼望着上班，很不得彻夜加班才好呢，只因为这样就可以与她的顶头上司——杜康相处。这样的感觉，让丽娜满面潮红，不知所以。这时，她才知道真正的爱是什么。这样的体验过后，丽娜坚决地和王强提出了离婚："对不起，结婚三年，我才知道自己并不爱你。这样，对你也是不公平的。你这么好，应该享受爱情。就让我们给予彼此自由吧，我们都应该奔向真正的爱情。"王强答应了丽娜的请求，他深爱着丽娜，即使是丽娜要飞，他也不会阻拦。

丽娜说得对，这样不爱的相守，对于和她一样年轻的王强而言，也是不公平的。爱情，是命运赐予人类的最珍贵的礼物。如果活着，年轻过，却从未尝过爱情的滋味，人生一定是充满遗憾的。从这个角度来说，不爱的相守，不如决绝地离开。

无论是我们不爱他人，还是他人不爱我们，不爱的婚姻都是不道德的，我们都应该给予彼此自由。爱与自由，是人生之中最美好的，每个人都应该尽情享受。

当爱情里只有你，你要更好地绽放

爱情也如人生一样，也会有坎坷挫折，更会充满着不如意。这与我们平日里心中憧憬的爱情总是甜蜜美好截然不同，然而事实就是如此，我们必须接受爱情的绽放。提起爱情，人们总是想起鸳鸯，想起比翼双飞的鸟儿，想起在地底下心手紧紧相连的连理枝。然而，爱情也并不总是成双成对的，很多时候，那个我们已经习惯相守的人，也会因为各种各样的原因，突然间就消失不见了。这样的爱情，总是留下空荡荡的半侧，让我们的心无着无落。

然而，即便如此，我们依然应该坚持着成就爱情。唯有如此，我们才能坦然面对爱情的得失，不管在什么情况下，都让自己如花绽放。尤其是当爱情里只剩下我们一个人时，不管那另一半是决然离去，还是突然离开了人世，我们都要为着自己，更加坚强快乐，笑靥如花。

人生有三苦：幼年丧父、中年丧偶、老年丧子。这其中，中年丧偶就是一苦。偏偏，这样悲惨的事情就发生在森森身上。森森今年已经四十岁了，正好是人到中年。然而，她的丈夫突发脑溢血，离开了她和孩子。这件事情发生后，森森觉得天都塌了，整日不吃不喝，人都快撑不住了。尽管父母朋友一起在劝说她为了孩子坚强起来，但是她依然不闻不问，似乎自己的灵魂也跟随丈夫一起去了。

森森和老公是大学同学，两个人感情特别好，从结婚之后，从来都是公不离婆，秤不离砣。正是因为这么深厚的爱情，才使森森更加无法面对丈夫的突然离去。直到有一天，七十多岁的妈妈看到森森要死要活的样子，突然训斥她："现在趁着我还没死，我先告诉你啊。等到我死了，你可不要这么伤心欲绝。否则，要是我天上有灵，如何能够闭眼啊！你现在的样子，其实是在折磨死去的人。我的好女婿啊，就这么突然走了，他怎么能够放心得下你们娘俩。现在，你又这样像个活死人，他必然是不能心安地走啦！"听了妈妈的话，森森又昏睡了一整个下午，突然就在傍晚的时候起床洗漱、打扫房间、去菜场买菜给孩子做饭。家里人都寸步不离地看着她，生怕她是因为刺激过大神经异常了。出乎大家的预料，吃完饭之后，森森平静地对大家说："你们都走吧。从现在开始，我要带着萌萌好好过日子了。"大家全都不知所以地看着森淼，淼淼继续说：“放心吧，我想开了。妈妈说得对，我不能让老王不安心地走。我必须让他放心地走。”听到淼淼的话，大家这才放心地散开，各自回家。

果然，淼淼一心一意地带着萌萌，她知道，老王离开的一刹那，最放心不下的就是萌萌和她。日子依然照常过着，淼淼努力地生活着，尽情地快乐着。

人生是一场注定要散开的宴席，在这场宴席中，无数的悲欢离合轮番上演，不管是喜悦还是悲伤，我们都必须要面对。尤其是在中年，突然间失去另外一半，一定会让人感到整个灵魂都被掏空。这与爱人突然背弃是不同的，那是恨，这是伤。然而，不管是遭遇了怎样的困境，我们都必须非常努力地接受，消化。尤其是当你所爱的人在天上看着你时，你必须笑靥如花，才能让他安然离去。

爱情，不必是长相厮守，而应该是心里常有。有些人虽然永远地离开了，但是可以活在我们的心里。有些人，虽然人在身侧，却心已远去。不管是为了自己，还是为了我们所爱的人，我们都要好好地生活，尽情地绽放。

即使遭遇背叛，也永远不要失去爱的能力

有的爱情如同昙花一现，突然间就烟消云散了。前一刻还爱你爱得死去活来的人，也许后一刻就会彻底地抛弃你。面对这样的爱情，如果对方已然跳脱出去，你却还不知情地沉浸在其中，那么受伤害的就肯定是你。尤其是很多敏感的人，在遭遇一次背叛之后，往往很难从前尘往事中出来，也就导致他们不

停地抱怨、纠结。痴心不改的人是痛苦的，因为背叛而一朝被蛇咬、十年怕井绳的人，是更痛苦的。

自从上次被男朋友劈腿之后，小薇已经一年多没谈恋爱了。虽然家里的亲戚和朋友们都热心地给她介绍男朋友，但是她总是说："不见，不见。男人没有一个好东西。"尽管大家都知道小薇遭到前男友背叛，的确伤透了心，却也都纷纷劝说小薇："你难道能一辈子不结婚吗？男人虽然大多数都不是好东西，但是还是有一部分是非常优秀的。你只要瞪大眼睛用心找，一定能够找到。"对此，小薇不置可否。

眼看着小薇马上就要三十了，父母简直心急如焚。有段时间，父母一到周末就盯着小薇相亲，小薇虽然也被迫无奈地去，但是却从来没有下文。一个偶然的机会，小薇邂逅了高中同学赵凯。赵凯高兴极了，特意请小薇吃饭，他们相谈甚欢。尤其是说起高中时期的事情，小薇简直眉飞色舞。这次见面之后，赵凯就经常约小薇吃饭，或者看电影。渐渐地，小薇觉察到什么，原本想拒绝对方，却又对其有那么一丝丝的好感。再加上赵凯的确是来势凶猛，毫不掩饰自己对于小微的欣赏和喜欢。小薇呢，尽管没有拒绝，却也没有接受，就这么相处着。一段时间之后，小薇突然患了急性阑尾炎，入院做手术。赵凯彻夜不眠地守候在小薇身边，让小薇年迈的父母回家休息。后来，他还细心地熬了小米粥，亲手一口一口地喂小薇吃下。俗话说，路遥知马力，日久见人心。至此，小薇真正被赵凯感动了，接受了赵凯的爱。从此之后，小薇每天都在享受着赵凯无微不至的爱情，他们一起快乐，一起享受幸福。

古人云，一朝被蛇咬，十年怕井绳。意思是说，如果一个人被蛇咬伤，在十年的时间内，即使看到井沿上的绳子，都会感到害怕，心生恐惧。虽然这样的说法有些夸张，但是却真切地道出人们对于伤害的恐惧。的确，没有人愿意被伤害，也没有人喜欢遭遇背叛。然而，很多事情并不在我们的把握之中，我们必须学会坦然接受这一切。

人，都是有自愈能力的。在受到伤害时，身体会自愈；在感情有创伤时，一切也会在时间的流逝下缓缓愈合。只要我们心中怀着希望和勇气，不去刻意抵抗身体的自愈，我们就会很快恢复健康和快乐。对于爱情，亦是如此。

当爱情搁浅，你是选择就此沉沦还是继续向前

没有任何人的一生，会是一帆风顺的。爱情，也是如此。几乎每个人都曾经在爱情的道路上，摔过跟头跌过跤，谁也不例外。那么，当爱情搁浅时，你会选择怎么做呢？你会因为爱情的戛然而止，自己也就此沉沦下去吗？还是会鼓起勇气继续向前，成就最好的自己，等着那个命中注定的人？无论如何，生活的脚步不会停下，时间的针脚不会停歇片刻。无论你是悲伤还是欣喜，也不管你是欢笑还是哭泣，生活总要一路向前，人生不会停下来等你。由此答案显然意见，聪明的人一定会在爱情搁浅的时候，给自己一段静心修行的时间，努力地提升自己，让自己变得完美，这样才能等待下一次美好的邂逅。

小尹是一个非常胖的女孩，圆乎乎的脸蛋，圆乎乎的身材，说得难听些就像一个圆滚滚的水桶，说得好听点儿叫做婴儿肥。毫无疑问，在这样一个以瘦为美的年代，小尹的个人感情问题遭遇了很大的阻碍。每次相亲，别人都嫌弃她长得太胖，没有身材，也没有长相。从小学到大学毕业，小尹也从未像那些漂亮的女孩子一样总是有人追求，这简直让她伤透了心。思来想去，小尹决定减肥。

眼看着减肥初见成效，然而也只是与她此前相比有所改观。前段时间，小尹又在朋友的介绍下相亲，这次终于有所进步，男孩答应与她试着交往。其实，小尹除了身材不好，心地还是善良而又美好的。和小尹相处下来，男孩还是非常认可和喜欢小尹的。让小尹万万没想到的是，男孩的母亲在无意间与街上碰到他们在一起逛街时，坚决反对儿子和小尹交往。他的母亲说："我可不想以后的孙子孙女都长成这个样子，你们必须分手。"得到这个消息，小尹眼巴巴地看着男孩，不想男孩无奈地说："我也没办法，我妈妈只有我这一个儿子。"其实，小尹知道，男孩还是对她不太满意，所以才顺从妈妈。这次的失恋，让小尹元气大伤，甚至好几天把自己锁在房间里。曾经，她一度觉得自己的人生充满了黑暗。在几天几夜的沉思之后，她才意识到："我应该改变。我三年之内不再相亲，给自己一个沉淀的时间，而且我要彻底减肥成功，保证自己再次开始相亲时，绝不会因为肥胖被拒绝。"几天之后，一个容光焕发、斗志昂扬的小尹出现在大家面前。而且，大家无论怎么拿甜点头惑她，她都连看也不看一眼。可想而知，三年后的小尹虽然不会瘦弱得像林黛玉一样，但是至少会恢复正常的身材，而且也会从各个方面努力提升自己。

对于男朋友的背叛，其实确切地说应该是初恋男朋友，小尹显然难以接受。之前的很多次相亲，她虽然被拒绝，但是还没有尝到爱情的滋味。这次则不同，小尹尝到了爱情的滋味，因而更加难以复原。不过，小尹还是一个非常聪明理智的女孩。她既然知道了问题的所在，也就会努力地去提升自己。毕竟，不管爱情是否如期到来，人生都要继续下去。倘若因为爱情的延迟，导致人生也不再完满，那就更加遗憾了。

朋友们，你们是否也曾遭遇爱情搁浅的时刻呢？从现在开始，无论爱情怎样，都让我们坚定不移地走好属于自己的人生之路吧。每个人的命运实际上都牢牢地掌握在自己的手里，我们必须非常用心，非常坚持，才能如愿以偿地收获完满的人生。有的时候你会发现，当你非常努力非常用心，你的爱情也会柳暗花明又一村呢！正如人们常说的那句话，你只管努力，命运自有安排！

第18章　探寻自我，是人一生都要做的功课

每个人都对自己最熟悉，也对自己最陌生。很多时候，我们哪怕是从视频设备里听到自己的声音，都觉得与自己平日里感受到的完全不同。正如古人所说，不识庐山真面目，只缘身在此山中。我们对于自己，也恰恰因为每日的深度接触和完全融合，变得非常陌生。因而，探寻自我，是我们一生之中都要坚持的修行。

当你还是小孩子时，你眼中的生活

当你还是小孩子时，你一定把生活想象得无比美丽。那是一个童话的世界，有着童话的布局，也有着童话的色彩，就连房子也是圆顶的，就像你梦中的苍穹。当你还是小孩子，你一定以为不管遇到多么艰难的事情，爸爸妈妈都一定能解决。当你还是小孩子，你从来不知道记仇，更不会委屈自己不哭出声来。你哭也哭得那么大声，笑也笑得那么大声，丝毫不顾及自己的形象，更不会担心别人的抱怨。当你还是小孩子，你眼中的生活简单而又纯粹，即使有伤害，也是转瞬即逝，不会让你痛不欲生。然而，随着时间的年轮不停地转，你不再是个小孩子。你渐渐长大，开始学会接受伤害，接受隐忍。然而，生活依然需要纯粹，你也要学会原谅那个伤害你的人。

为什么随着我们年岁的增长，能力的增强，我们反而更容易受到伤害呢？这是因为，你的心眼比小时候变小了。如果你的心眼能够更大一些，如果你像小时候一样从来不把伤害放在心上，那么你一定会变得更快乐。

生活，总是不能完全如意。当你被朋友的言语和做法伤害，当你遭到家人的误解，当你因为同事的不正当竞争受到委屈，当你被爱人呵斥……你的心越是敏感，你就会感受到越深刻的痛苦。面对这样的情况，我们应该怎么办呢？有人曾说，原谅别人是一种能力。我们要说，原谅别人，遗忘伤害，是对自己的救赎。一个记性太好的人是不可能拥有洒脱豁达的生活的。因为他的心，总是装满沉甸甸的心事，不能如意。既然如此，我们为什么不想想小时候，然后学得像小时候一样呢？当你还是小孩子，你眼中的生活是什么样的，等到你长大了，不如也这么去做吧。人生原本就非常短暂，又何必因为一些事情让自己平添苦恼呢！

曾经，爱平是医院的护士长。当初，她看到医院里来自农村的临时工小娟很机灵，也勤劳肯干，因而在婆婆生病的时候，特意花重金把小娟请到家里伺候婆婆。不想，因为爱平工作忙，每天都早出晚归，她老公张鹏居然与小娟日久生情。等到爱平知道的时候，小娟的肚子已经大起来了。处在弥留之际的婆婆，恳求爱平答应小娟生下孩子，爱平做出了离婚的决定。爱平的心都要碎了，一个人独自抚养儿子长大，再也不愿意听到任何关于前夫的消息。

转眼之间，十几年过去了，爱平已经成为医院的院长。这时，小娟突然来医院找爱平，并且跪在爱平的面前请求原谅。原来，张鹏和小娟结婚几年之后，就因为车祸去世了。前不久，小娟也检查出乳腺癌晚期。为此，小娟想把女儿托付给爱平，因为她在这个城市再也没有任何亲人。一想到十几年前的伤害，爱平就心如刀绞。她无论如何也不能做到带着小娟和张鹏的女儿生活。但是想到张鹏早已经去世，爱平又觉得这个孤孤单单的女孩太可怜了。后来，爱平把这件事情告诉了儿子，儿子经过好几天的思考，最终慎重地对妈妈说："妈妈，就收留妹妹吧。我马上就要结婚搬出家了，她也正好与你做个伴。"爱平听到儿子如此宽容的回答，欣慰地笑了："儿子，一直以来，我都担心你会恨爸爸，也会因为爸爸曾经抛弃我们留下心理阴影。现在看来，你依然充满阳光。妈妈赞同你的做法。”在小娟最后的生命里，爱平一直在尽心竭力地照顾她，还把她接到自己工作的医院，给她最好的药和护理。小娟在离开人世之际，紧紧地握着爱平的手，说：“对不起，姐姐，谢谢你。”如此简单的八个字，就涵盖了她们一生的纠缠。至此，爱平心中释然，告诉小娟：“放心去吧，你们可以团聚了。我会把你们的女儿抚养成人，让她健康快乐。”

一直以来，爱平都活在阴影之中。只有这次帮助小娟，并且承诺抚养小娟的女儿，她的心里才真正做到了释然。很多时候，对他人的憎恨使我们一直活在阴影之中。而唯有发自内心的原谅，才能让我们的心也得到前所未有的轻松。

要想拥有快乐的人生，就学会原谅吧。想想你曾经的纯洁无瑕的生活，你才知道人的一生应该怎样度过。时间，会抚平一切的恩怨，也会帮助我们回归宁静的生活。这一切，都是我们内心最深的渴望。

三十而立的你，是否已经了解了生活的真谛

时光匆匆而过，转眼之间，还是小孩子的你就长大了。你不知不觉就到了而立之年，面临着人生的新门坎。三十，是一个坎，对于任何人而言都是如此。在二十多岁的时候，你还会觉得自己是个娇滴滴的大女孩或者是阳光洒脱的大男孩，但是等到了三十，你突然间就意识到，你已经不能继续任性下去了。三十，虽然只比二十九岁大了一岁，但是你整个的心态都会发生彻底的改变。

三十而立，你立了吗？三十岁之前一直梦想着自己终有一天能够出人头地的你，现在还相信自己一定会惊天动地地迎接成功的到来吗？也许，你不再做

梦，也不再幻想，而只希望岁月静好，希望自己能够坦然地面对未来的人生。三十岁之前，还曾经愤世嫉俗的你，突然间就发现，其实无论整个社会怎么样，与你的生活密切相关的无非就是那么几个人。三十而立的你，更冷静地面对他人的批评，也能做到有针对性地坦然接受。这一切，都是三十岁的功劳。

在情感和理智方面，三十岁之前的你总是幻想着拥有轰轰烈烈的爱情，三十岁之后却只想与一个合拍的人安然生活。你不再那么冲动，也不会在一个雨夜突然背起行囊就来一场说走就走的旅行。你更淡定，也意识到自己的肩膀上了有更多的责任。三十岁的你面临着很多改变，但是一切改变都是那么地顺理成章，让你更加坦白从容，丝毫不觉得突兀。

今天，是豆丁三十岁的生日。在三十岁之前，他是个嬉皮士，整日穿着奇形怪状的衣服，也从来不觉得人生中时光匆匆而逝。然而，就在点燃三十岁蜡烛的那一刻，他突然感伤起来：我已经三十岁了，但是我还没有女朋友，也从未陪伴爸爸妈妈度过一个安宁的假期。三十岁生日之后，我一定要找到女朋友，带着她一起守护着爸爸妈妈，陪伴爸爸妈妈安享晚年。就这样，随着三十岁蜡烛的点燃，曾经根本不在豆丁生活计划里的爸爸妈妈，一下子成为豆丁计划的主角，为此爸爸妈妈甚至有些不适应了。

在过完三十岁生日之后，他们彻底卖掉房子，去远在天边的大理定居了。原本，他是一名IT技术人员，她在一家杂志社担任编辑工作，日子过得安宁幸福。然而，就在三十岁生日之前的一次大理旅行，他们爱上了那里。回到北京这个熙熙攘攘、日日堵车的城市之后，他们不止一次地想念着大理。那么，如何生活呢？人生到底应该归于何处呢？思来想去，他们决定卖掉房子，去大理定居。原本这个决定下得是那么艰难，但是在三十岁生日那一天，他们突然就想清楚了。去大理，再把父母也接过去养老。人生何处不扎根呢？只要活着，我们就应该顺从自己的内心。

在上述两个事例中，主人公都在三十岁生日的时候做出了重大的决定。难怪古人说三十而立呢！三十岁的确很神奇，困扰你许久的选择，也许就在一瞬间得到了答案。面对这样的人生，如何不洒脱，如何不快乐呢？

三十而立的你，一定要更加清楚地知道自己想要什么，也要开始坚定不移地追求自己想要的生活。如果过了三十，你还在把宝贵的时间用于浪费，那么人生也就太失败了。三十而立，你做好准备了吗？

岁月静好的人生，如何才能这样继续下去

关于人生，很多人的奢望都是“岁月静好”。看似简简单单的四个字，却凝聚着人生最美好的愿望。如果真的岁月静好，一切难题都能迎刃而解。想一想就觉得美好吧，在午后的阳光下，一对老夫妻安安静静地坐在树下的石凳上乘凉。他们身旁的石桌上摆着一壶绿茶，阳光透过树叶斑驳地照射在他们的身上。他们彼此之间不说话，偶尔对视一下，眼睛里是深深的默契。这样的人生，想必一定是圆满的。实际上，事情并非如你所看和猜测的那样。也许这对老夫妻刚刚承受过什么打击，也许他们其中的一人身患重病。然而，这并不影响他们岁月静好地坐在这里享受阳光，享受下午茶。原来，岁月静好并非是长久的承诺，而只是暂时的状态。

任何时候，即使面对坎坷和困境，只要我们能够摆正心态，也依然能够岁月静好地生活下去。由此可见，要想拥有岁月静好的人生，不是向上帝祈祷我们永远健康快乐，而是帮助自己保持一颗平和的心。

琳达七十岁了。在七十岁生日时，她邀请了很多闺蜜和好朋友一起庆祝。在生日宴会上，琳达还向大家宣布：“我已经七十岁了，虽然很多人都认为我应该去见上帝，但是我还是要快乐地活着。我要去学画画，还要去攀爬世界上

的几个高峰。”听到琳达的话，大家都以为她疯了。与琳达关系最好的艾琳说：“你这个老家伙，你这么折腾，难道是真的想去见上帝了吗？！”琳达笑着说：“当然不是啦。我只是认为，我还可以像以前一样做很多事情，为什么不呢？”后来，琳达真的报名参加油画班。她画得那么好，甚至还在几年后举行了一个个人画展。当然，她也没有忘记自己要去登山的豪言壮语。她的八十岁生日，就是在日本的富士山顶峰度过的。朋友们都惊讶地发现，琳达似乎越来越年轻了，仿佛年轮雕刻在她身上的，只有不屈服的那颗心。

很多人一旦显出老态，就时时刻刻告诉自己已经老了的事实，也不再以美好的面目示人，甚至就这么呆呆地坐在家里，等待死神的降临。殊不知，岁月静好不是等来的，而是平常的日子依旧。当你老了，如果你体力和精神都还尚可，为何不尽量像以前那样生活呢？当你老了，即使戴着满口假牙，也依然可以吃美食，只不过稍微费力一些而已。很多人之所以年纪轻轻就显得老态龙钟，就是因为他们从未拥有年轻的心态。

很多人都认为岁月静好是一种一成不变的生活状态，的确，生活虽然有时一成不变，但并非静止不变。我们唯有保持年轻向上的心，才能保持生活的常态，不被改变打垮。

宽恕那些你曾认为无法宽恕的人

中国文化博大精深，宽容，向来是充满智慧的哲人们所提倡的。然而，现代社会，随着生活节奏越来越快，各种压力成倍增长，越来越多的人表现出明显的戾气，不再淡定平和，更缺乏了宽恕。实际上，很多时候我们宽恕别人，是为了帮助自己。恨、抱怨、忿忿不平，都是最折磨人的囚牢。当我们用这些无形的囚牢囚禁自己的时候，我们就会变得不快乐。

也许在伤害的当时，我们一定认定有些人是永远不会被宽恕的。然而时间是最好的解药，只要你不刻意地与时间对抗，你就会发现其实很多人很多事都可以被宽恕。一旦你选择宽恕，自己也会觉得轻松和解脱。曾经有位名人说，大凡伟大的人，都拥有两颗心。一颗心充满血肉感情，一颗心专门用来宽恕他人。所以，他们才能成为伟人。我国古代的圣人孔子也曾说，己所不欲，勿施于人。这句话适用于很多情形，当你不愿意被他人憎恨，就应该学会宽恕他人。

很久以前，有个女孩的脾气特别暴躁，动不动就歇斯底里。每当她发起怒火，根本不会在乎他人的感受，只顾着自己发泄。为了帮助女孩改掉乱发脾气的缺点，有一天，妈妈拿出一袋钉子给女孩，让她每次与他人吵架或者是乱发脾气的时候，就从袋子里拿出一颗钉子，钉在卧室里的书柜上。这个书柜是女孩最喜欢的，因而，当她拿到钉子之后的晚上因为发火，朝着书柜钉上一颗钉子时，她简直心痛极了。这一天，女孩因为生气在书柜上钉了三颗钉子。第二天，她又因为歇斯底里和发火，朝书柜钉了两颗钉子。接下来的几天里，她竭力控制自己，渐渐地，她居然好几天才向书柜钉一颗钉子里。后来，女孩接连几天都没有朝书柜钉钉子，妈妈对她说：“从现在开始，如果你每天都不再发脾气，那么你就可以把之前的钉子再拔下来一颗。记住，是不发脾气的情况下，每天拔下来一颗。”大概用了将近一个月的时间，女孩才把书柜上的钉子拔掉。但是她原本光滑平整的书柜，已经千疮百孔。妈妈语重心长地对她说：“你看，书柜原本非常光滑和完美，如今因为钉子的痕迹，变得千疮百孔。实际上，人心也是如此。如果你总是不加以控制地发脾气，你自己消了气就会忘记，但是看到你发脾气的人心中就像钉了一颗钉子那样，即使后来渐渐愈合，也会留下伤痕。你想看到你身边的人的心千疮百孔吗？”女孩若有思索，很久才说：“妈妈，你放心吧，我不会再让你们伤心了。”

世界上最辽阔的是海洋，比海洋更辽阔的是天空，比天空更辽阔的是人心。我们只有拥有一颗宽容的心，才能在人生路上潇洒地走过，也不会被他人无心或者有心的过失伤害。要知道，宽容的受益者绝不仅仅是被宽容的那个人，更大的受益者是宽容者本身。很多时候，宽恕别人就是解放我们自己。

人生路上，总是有磕磕绊绊，伤害也在所难免。唯有怀着一颗宽容的心，我们才能更加胸怀坦荡。常言道，金无足赤，人无完人，真正完美的人在这个世界上是根本不存在的。既然我们不能保证自己是完美的，也就应该宽恕他人的不完美。

感恩的心，帮助你学会心怀大爱

活着，如何才能心怀大爱呢？常常见到生活中的有些人，只要对生活有任何的不满意，就怨声载道，抱怨连天。其实，哪个人的人生是一帆风顺的呢？大多数的人，都活得艰难而又坎坷，唯有豁达的人，才能在人生的缝隙里找到些许的快乐。这种快乐，是由衷的，是值得我们加倍珍惜的。既然我们无法改变生活，又想得到快乐，就只能让自己拥有一颗感恩的心。感恩的心，能够帮助我们充满感激地对待生活的坎坷和挫折，也满怀感恩的心拥抱生活中一切的人和事。与此同时，感恩之心也能帮助我们得到快乐，得到幸福。

很多时候，我们已经习惯了接受父母无微不至的照顾，时间久了，我们便对此习以为常，不知道感恩。很多时候，我们尽情地享受阳光雨露，却不知道这一切都是大自然最珍贵的馈赠。我们感受着花香，欣赏着绿草，却没有意识到这一切都是难得的，值得珍惜的。当我们的心渐渐麻木，我们对生命的领悟也越来越少。我们必须拥有感恩的心，这样才能敏感地觉察到他人的付出，珍惜生命一切的馈赠。当我们对爱与美变得越来越敏感，我们也就获得了体验幸福和快乐的能力。拥有感恩的心，还能帮助我们减少抱怨，不再一味地索取，而是学会付出。古人语，春风玉露一相逢，便胜却人间无数。我们也要说，拥有感恩的心，才能尽情享受生命的美。人们常说不要等到失去了才珍惜，其实是有道理的。常怀感恩的心，不仅是一种美德，感恩的状态，也是最好的人生状态。如果你想变得更善良，更宽容，更豁达，更洒脱，那么你首先要拥有一颗感恩的心。

作为美国前总统，罗斯福有着一颗感恩的心，为人胸怀坦荡，非常宽容大度。有一次，罗斯福的家不幸被小偷光顾了，丢失了很多珍贵的东西。得到消息之后，朋友们纷纷赶来安慰罗斯福。有位朋友因为路途遥远，因而特意写信劝说罗斯福，让他不要过于伤心。不想，罗斯福在给朋友的回信中写道："谢谢你，亲爱的朋友，谢谢你写信安慰我。此时此刻，我毫发无损地坐在这里给你写回信。其实，我并没有伤心，相反我非常感谢上帝的眷顾。首先，我只是丢了一些东西，而人却平平安安，这是上帝给我的最好礼物。其次，我只有部分东西失窃了，小偷没有夺走我的全部。最后，也是最值得庆幸的一点，我被小偷偷了，但是做小偷的人不是我。这是多么值得庆幸的事情啊！"

对于任何人而言，家中被小偷光顾，一定不是让人感到高兴的体验。然而，罗斯福却丝毫没有为此感到悲伤，反而非常感激上帝的照顾。也许，罗斯福认为，要是自己也被迫去当小偷，才是最悲哀的事情。那么，现在他毫发无损，平安健康，而且只丢失了部分的东西，完全是应该庆幸的。倘若你也能像罗斯福这样思考问题，你也就学会了感恩，你的人生定然也会变得更加开阔。

毋庸置疑的是，每个人的人生都不会是平顺的。在人的一生之中，我们总会遇到坎坷和挫折。倘若一味地抱怨，我们反而会失去欣赏生活和感悟生命的心情，甚至让自己变得悲观绝望。相反，只要不管面对什么事情都达观积极，我们才能更加感恩。记得曾经有个没有鞋子的人在哭泣，这时一个没有腿的人对他说：“亲爱的，你只是没有鞋子，我却失去了一整条腿，咱们谁更应该哭泣呢？！”听到这句话，没有鞋子的人不哭了，而是陷入了沉思之中。在这个世界上，你绝对不是最不幸的人。与其抱怨，不如擦干眼泪，迎接美好的明天吧！

参考文献

[1]黄志坚.别让敏感害了你[M].北京：北京时代华文出版社，2015.

[2]郑一.感谢折磨你的人[M].北京：中国纺织出版社，2016.

[3]张笑恒.人生赢在零逃避[M].天津：天津人民出版社，2015.

[4]云卓.别让失控害了你:如何掌控自己的情绪与生活[M].深圳：海天出版社，2014.